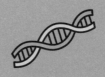

イラスト
図解

遺伝子の

遺伝子から「自分」を知る！

不思議と
しくみ入門

サイエンスライター
島田祥輔

JN048562

朝日新聞出版

遺伝子を知ることが、自分を知ることにつながる

2019年末に突然現れた新型コロナウイルス感染症（COVID-19）は、人びとの生活スタイルすら大きく変えました。ニュースを見聞きする中で、PCR検査、mRNAワクチンなど、知らない単語が多く出てきました。

話は変わり、2021年9月には、血圧上昇を抑える成分が豊富に含まれたトマトが販売されましたが、そのトマトはゲノム編集という方法によって作られました。

PCR、mRNA、ゲノムという言葉は、すべて「遺伝子」に関係しています。つまり、遺伝子のことを知れば、最新のニュースをより理解できるようになります。「そんな言葉は最近になって初めて聞いた」という人もいるかもしれません。しかし、今の高校生は、mRNAやゲノムという単語を授業で習います。遺伝子に関係する言葉やしくみを高校生の頃から知っておきましょう、ということです。

もう1つ、遺伝子を知っておくといいことがあります。それは、「単純におもしろい」ということです。私は、大学での4年と大学院での2年のうち3年間で、魚類の心臓ができるときに関わる遺伝子を研究していました。遺伝子とひと言に言っても、いろんな種類があり、さまざまな役割を果たしています。遺伝子一つひとつが適切に機能すること

で、生物のカラダはできています。つまり、遺伝子を知ることは、自分を知ることでもあります。自分とは、カラダのことだけではありません。「楽しい」や「悲しい」、そして「好き」という感情にも、遺伝子が関わっています。「遺伝子があるからこそ、こんなにも感情豊かに人生を送っているんだ」と、遺伝子に対する見方が変わるかもしれません。

　本書では、遺伝子が身近に感じられるようなトピックを集めました。とはいえ、遺伝子の研究は、正直に言えば「始まったばかり」です。毎日新しい研究成果が発表され、その度に遺伝子に関する常識は変わっていきます。私たちは、遺伝子研究の最先端の時代に生きていて、遺伝子研究にワクワクできる特権をもっています。そして、医療やテクノロジーにも遺伝子が使われるようになっています。遺伝子を「知る」だけでなく、遺伝子を「活用する」時代でもあります。本書を読んで、「遺伝子ってこんなことをやっているんだ」とワクワクする感覚をもっていただきたいと願っています。

サイエンスライター

島田祥輔

CONTENTS

第1部
遺伝子のしくみを知り、
不思議を解く

第 2 部
気になるあの謎を遺伝子で解く

遺伝子でわかるココロの不思議

遺伝子でわかるカラダの不思議

遺伝子と人生のこと

遺伝子と病気のこと

遺伝子でわかる食の不思議

遺伝子でわかる生命の不思議

本書では、人間のココロとカラダ、病気や食にまつわる不思議を「遺伝子」の視点からわかりやすく解説していきます。人生をより豊かに送るためにお役立てください。雑学としても楽しめるようになっています。

第1部
遺伝子のしくみを知り、不思議を解く

「そもそも遺伝子とは何か」について解説していきます。遺伝子がもつはたらきを理解することで、より第2部の内容が理解しやすくなります。

第2部
気になるあの謎を遺伝子で解く

遺伝子の不思議を、「ココロ」「カラダ」「人生」「病気」「食」「生命」という6つのカテゴリから解説していきます。

生活の中でふと抱く疑問をピックアップして掲載しています。

見出し

パッと見てわかるイラスト図解で、本文の理解が深まります。

イラスト

幸せの感じ方が違うのはなぜ？

幸せの感じ方は人それぞれ。
でも、なぜ違うのでしょうか。
もしかしたら遺伝子が違うから、かも。

遺伝子の文字列の違いが幸せの度合いを変えている？

　例えば収入や生活スタイルが似ているなど同じような境遇でも、自分が幸せかどうかは人によって感じ方が違うようです。ある人は、「幸せだ」と思っていても、別の人は「自分は幸せとは思えない」と感じているのかもしれません。この違いは、脳内で神経伝達物質を受け取るタンパク質を作る遺伝子の個人差が原因の可能性があります。

　愛知医科大学などの研究グループは、大学生または大学院生198人を対象に、幸福度を調べるアンケートを行い、幸福度を数値化しました。この数値と、CNR1という遺伝子の個人差に相関関係が見られたとのことです。

　この研究における「遺伝子の個人差」とは、遺伝子を構成する文字列（→P.14）のうち1文字だけ違うことをいい、これを「一塩基多型」（SNP〈スニップ〉）と呼びます。

　両親から遺伝子を受け継ぐ際、「A」「T」「G」「C」の文字のうち、父親と母親から両方のTを受け取ったときにはCC、片方の親からこちら片方の親からTを受け取ったときはCT、両親からTだけを受け取ったときはTTとなります。

44

　今回、個人差が見られた（文字が1つだけ違う）場所にはrs806377という番号が割り振られており、そこがCCまたはCTだと、幸福度のスコアが高かったというわけです。

　この研究は大学生または大学院生が対象なので、全世代で同じ結果となるかどうかまではわかりません。また、幸福度はCNR1遺伝子だけで決まっているわけではありません。ただ、CNR1遺伝子が作るタンパク質は、神経細胞に存在し、脳内マリファナ類似物質を受け取る機能があります。そのため、CNR1遺伝子が幸福と関係しているという可能性はありそうです。

CNR1遺伝子が幸せに関係している？

神経細胞の表面にあるCNR1タンパク質に
脳内マリファナ類似物質が結合すると、快楽や興奮を覚える。

＼ お役立ちMEMO ／

脳内マリファナ類似物質は、正確には内因性カンナビノイドという物質です。マリファナは覚醒作用があるとともに快楽や興奮ももたらす薬物です。それと似たような物質が脳内にもともと存在しています。

45

解説文

各疑問に対して遺伝子から見た答え、対策を解説しています。

お役立ちMEMO

解説文では伝えきれなかった知識や雑学、遺伝子に関する最新ニュースなどを解説しています。

第 1 部

遺伝子の
しくみを
知り、
不思議を
解く

遺伝子は私たちのカラダを作るためのデータです。人間だけでなく、地球上に存在するすべての生き物は遺伝子をもっています。まずは、遺伝子がもつはたらきと、そのしくみを見ていきます。

「利己的な遺伝子」という言葉を聞いたことがあるでしょうか。イギリスの進化生物学者・動物行動学者であるリチャード・ドーキンスが1976年に出版した『利己的な遺伝子（The Selfish Gene）』の中で提唱した考えです。すべての生物は、「自分を増やす」という遺伝子の目的のための乗り物である、という大胆な発想です。極端な言い方をすれば、私たちのカラダは、遺伝子にとって「使い捨ての乗り物」に過ぎないということです。

　私たちのカラダが乗り物程度の存在なのか、その受け止め方は人によって違うでしょう。しかし、私たちが遺伝子なしに生きていけないのは否定できない事実です。遺伝子によって心臓、脳、骨、筋肉が作られるだけでなく、食べ物を消化するための酵素、髪の毛の色となる色素、香りを感じるためのセンサーなど、私たちが元気に生きて感情豊かに暮らしていくために必要なカラダは、すべて遺伝子があるからこそ成り立っています。

　地球上の生命の歴史は、遺伝子の歴史でもあります。刻々と変化する地球環境に対して、生命はさまざまな遺伝子を作り出し、少しでも生存率を上げようと試行錯誤をくり返してきました。その1つの通過点が私たち人類

です（到達点ではなく、これからも進化して別の生物が現れるのは間違いありません）。人類のこと、自分のことを知ろうと思ったら、遺伝子のことを知るのが一番です。

また、遺伝子はあなただけでなく、他の人ももっているものです。そして、最近の研究では、対人関係にも遺伝子が影響を与えていることが少しずつわかってきました。人生や対人関係で悩んでいる人は、遺伝子のことを知れば、「こういう遺伝子がちゃんと機能しているから私は悩んでいるんだ」と、少し冷静な視点で考えられるようになるかもしれません。そのうえで、「遺伝子に支配されないためには自分はどのように今の悩みを乗り越えればいいのか」と、前向きになるきっかけになれば、遺伝子を知る価値は十分にあると思います。

リチャード・ドーキンスは本の中で、次のようにも述べています。「この地上で、唯一私たちだけが、利己的な自己複製子（著者注：遺伝子のこと）たちの専制支配に反逆できるのだ」。乗り物に過ぎない私たちが強い意志をもつことで、遺伝子の影響を超えた自分だけの人生を歩めることができるはずです。そのためにはまず、自分の中にある遺伝子のことを知っておきましょう。

遺伝子とは何か

私たちのカラダは遺伝子というデータをもとに作られている

「遺伝子」という言葉は、誰もが聞いたことがあると思います。「遺伝子」や「DNA」が歌詞の中に入っている曲もあります。ビジネスシーンでは、「我が社が100年以上受け継いできた遺伝子は……」のように、例えとして使われるときもあります。

では、あらためて「遺伝子」とは一体何なのでしょうか。遺伝子とは、みなさんのカラダを作るための「データ」だと考えてください。

例えば、スマートフォンには多くの写真が保存されていますが、印刷した写真そのものが入っているわけではありません。スマートフォンの中にあるのは、写真を表示するためのデータです。データをもとに、ディスプレイに写真を映し出しています。

同じように、遺伝子というデータをもとに、みなさんのカラダ、さらに言えば、あらゆる生物のカラダが作られています。

カラダを動かすための筋肉、食べたものを分解する消化酵素、花の香りを感じるための嗅覚、血液を介して酸素を全身に運ぶ赤血球の中にあるヘモグロビン、皮膚に弾力をもたせるためのコラーゲンなど、これらはすべて

タンパク質からなります。そういった、カラダの中にある「タンパク質」を作るためのデータが遺伝子です。それぞれのタンパク質のもととなる遺伝子があるとも言えます。そして人間の場合、遺伝子は約2万種類あると推定されています。

遺伝子から作られるもの

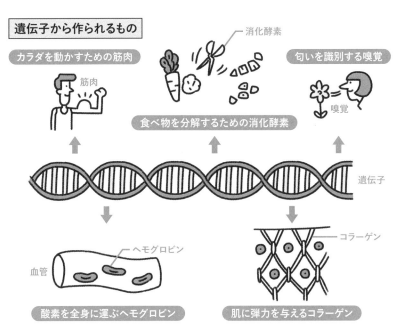

これらはすべて体内のタンパク質。
遺伝子には、それぞれのタンパク質のもととなるデータが書かれている。

まとめ

1 遺伝子とは、カラダを作るためのデータ

2 遺伝子をもとにしてタンパク質が作られる

3 人間の遺伝子は約2万種類

遺伝子とDNAは
どう違う？

DNAは遺伝子を作るための「インク」のようなもの

　遺伝子と必ずセットで出てくる言葉が「DNA」です。どちらも「伝え残す」という例えで使われることが多いのですが、遺伝子とDNAは同じものでしょうか。せっかくなので、ここではっきりさせておきましょう。

　遺伝子はスマートフォンの中にあるデータと例えました（⇒ **P.12**）。ここでは別の例えとして、料理のレシピ本を考えてみます。レシピ本には、用意する材料や、料理の手順などが書かれています。このうち、用意する材料を遺伝子と考えてみましょう。ジャガイモなら「ジャガイモ」という材料です。そして、DNAは、文字を作るためのインクと考えてください。インクは物質として存在していますが、インクだけで何かができるわけではありません。読める文字を正しく書くことで、ようやく意味のある単語を作ることができます。

　実際には、DNAとは「デオキシリボ核酸」という物質の名前です。いろいろなイラストで見られる、2重らせんの形をしています。この形で一番大切なのは、らせんの内側にある「A」「T」「G」「C」の4つのアルファベットです。それぞれ、アデニン（Adenine）、チミン（Thymine）、グアニン（Guanine）、シトシン（Cytosine）の頭文字です。この4つの文字を「塩基」といい、レシ

ピ本の文字一つひとつに相当します。日本語のひらがなは約50文字、英語のアルファベットは26文字ですが、遺伝子はたった4文字で単語を作っています。しかも、人間の場合は約30億文字もあります。私たちが普段見るレシピ本より、はるかに複雑なのです。

遺伝子とDNAの違い

完成品	必要な情報（文字）	文字を作るもの
料理	材料の名前	インク
生物	遺伝子 ● Nkx2.5遺伝子（心臓） ● アクチン遺伝子（筋肉）	DNA

レシピ本に例えると、遺伝子は材料の名前、DNAは文字を作るインク。

1 遺伝子はレシピ本にある材料の名前

まとめ

2 DNAは文字を作るためのインク

3 人間のレシピ本は約30億文字でできている

遺伝子から
カラダができるまで

生命は遺伝子をもとにタンパク質、そしてカラダを作る

　遺伝子とDNAはレシピ本に例えられるという話をしました（→P.14）。では、このレシピから何が作られるかというと、私たちのカラダです。人間だけでなく、地球上のあらゆる生命のカラダは、それぞれのレシピ本にあるインク（DNA）によって、材料名（遺伝子）が書かれています。

　しかし、材料名だけがあっても料理はできず、材料を準備する必要があります。レシピ本に書かれた「ジャガイモ」という単語を見て、私たちはジャガイモを用意するわけです。同じように、「ニンジン」という単語を見てニンジンを、「タマネギ」という単語を見てタマネギを用意します。そうして、実際に用意した食材を調理する際に混ぜて、料理が完成します。

　生命のカラダも同じで、用意してきた食材のことを「タンパク質」と呼んでいます。つまり、ジャガイモという遺伝子から、ジャガイモというタンパク質を用意するということです。そして、他の遺伝子から用意してきたいろいろなタンパク質が集まって、私たちのカラダは作られています。

　ところで、スーパーで食材を買ってくるとき、紙のレシピ本をそのまま持っていくことはまずないですよね。必要な食材を、別の紙やスマートフォンな

どにメモすることが多いと思います。同じように、遺伝子から直接タンパク質が作られるのではなく、DNAとはまた別の文字の種類である「RNA[※]」という物質にコピーされます。この流れをまとめると、遺伝子から私たちのカラダが作られる手順は、「DNA ➡ RNA ➡ タンパク質」となります。

※正確にはmRNA（メッセンジャーRNA）

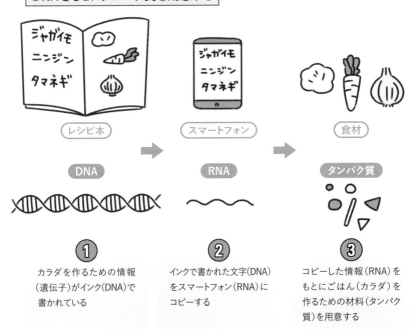

DNAをもとにタンパク質を用意する

（レシピ本）　　　（スマートフォン）　　　（食材）

DNA　　　RNA　　　タンパク質

① カラダを作るための情報（遺伝子）がインク（DNA）で書かれている

② インクで書かれた文字（DNA）をスマートフォン（RNA）にコピーする

③ コピーした情報（RNA）をもとにごはん（カラダ）を作るための材料（タンパク質）を用意する

まとめ

1 材料名が遺伝子、用意する食材がタンパク質

2 タンパク質が集まって私たちのカラダは作られる

3 コピーされたRNAをもとにタンパク質が作られる

ゲノムとは何だろう？

「ゲノム」＝「gene（遺伝子）」＋「ome（すべて）」

遺伝子の話をするときに、DNAとさらにセットで出てくる言葉が「ゲノム」です。最近は「ゲノム編集」という言葉も出てきて、農業や水畜産業で品種改良に使われるかもしれない、病気を治せるかもしれないということで、ニュースでもよく耳にします。ゲノム編集という言葉については後ほど解説するとして、ここではゲノムという言葉を紹介します。

もう一度、レシピ本の例えを使います。レシピ本では、料理に必要な材料一つひとつが遺伝子であり、材料名を書くためのインクをDNAと表現しました。しかし、材料が1つだけでは、料理を作ることはまずできません。ほとんどの料理は、いくつもの材料を組み合わせて作るはずです。

同じように、私たちのカラダは遺伝子1つだけでは成り立ちません。人間の場合、約2万種類にものぼる遺伝子が集まって、ようやく私たちのカラダを作るのに必要な情報が得られるわけです。そこで、「その生物に必要な遺伝子のすべて」を指す言葉として、ゲノムという言葉が生まれました。

ゲノムという言葉の由来は、遺伝子の英語である「gene（ジーン）」と、接尾語で「すべて」という意味の「ome（オーム）」を組み合わせた「genome」

をドイツ語読みしたものです。1920年に、ハンス・ヴィンクラーという植物の研究者が命名し、日本も含めて世界に広まりました。

　ゲノムを日本語に翻訳するなら、「遺伝情報」または「全遺伝情報」と表現することが多くあります。すべての遺伝子だけでなく、遺伝子としての機能（RNAとタンパク質を作ること）はないけれども、他の役割があるDNAも含めて、このように表現します。

| レシピ本＝ゲノム |

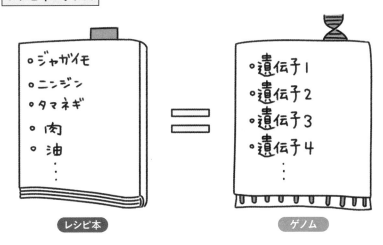

カラダを作るために必要な情報のすべてがゲノム。

まとめ

1 遺伝子1つだけでは生物は成り立たない

2 ゲノムとは、その生物に必要な遺伝子のすべてのこと

3 ゲノムはドイツ語発音が由来の造語

遺伝子はときどき変化する

コピーミスが遺伝子の個人差を作り出す

　人間のカラダを作るためには、人間に必要な遺伝子がすべてそろっている必要があります。すべての遺伝子とは、ゲノムのことです。

　ところが、カラダを作るための遺伝子がすべての人間で共通かというと、必ずしもそうではありません。例えば、日本人と外国人を比べると、皮膚の色や目の色、体格が違います。他にも、お酒を飲めるかどうか、パクチーが好きか嫌いかも、遺伝子が関係していると現在は考えられるようになりました。つまり、遺伝子にも個人差があるということです。

　遺伝子の個人差は、基本的には親から受け継いだものになります。親もまた、その親から受け継いでいて、そしてその親からさらに……となるわけです。では、根本的に遺伝子の個人差はどうやって生まれたのでしょうか。

　答えは、遺伝子のコピーミスです。私たちのカラダはたくさんの細胞からできていて、それらが分裂し、増えることで成長します。その細胞一つひとつに遺伝子が含まれています。細胞が分裂する際、DNAはほぼ100％に近い精度でコピーされますが、どうしてもミスというものは起きます。ただ、皮膚や腸の細胞でコピーミスが起きても、その細胞は、いつかは自然に死ん

で排出されるので、大きな問題になることはあまりありません（コピーミスの場所が悪いと、がんの原因になる場合があります）。しかし、精子や卵子、そして受精卵という、子どものカラダを作る過程で遺伝子のコピーミスが起きると、子どものカラダを作るすべての細胞で遺伝子が変わることになります。この変化が、遺伝子の個人差の原因です。

遺伝子のコピーミスで個性が生まれる

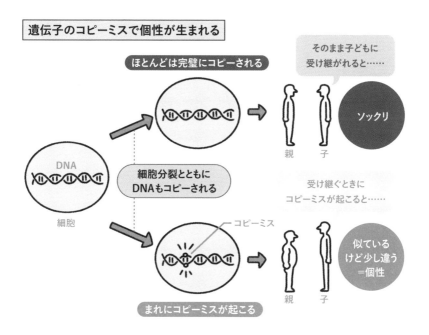

まれる

ほとんどは完璧にコピーされる

そのまま子どもに
受け継がれると……

ソックリ

親　子

DNA

細胞

細胞分裂とともに
DNAもコピーされる

受け継ぐときに
コピーミスが起こると……

コピーミス

**似ている
けど少し違う
＝個性**

親　子

まれにコピーミスが起こる

まとめ

1 遺伝子はすべての人間で共通ではない

2 遺伝子の個人差の原因はコピーミス

3 大昔のコピーミスを私たちは受け継いでいる

遺伝子のしくみを知る

遺伝子変化によって
生命は進化した

多様性も遺伝子変化がなければ生まれなかった

　前項で紹介した「遺伝子のコピーミス」が個人差程度で済むのであれば
よいのですが、がんなどの病気の原因になることがあります。体内の細胞
が増え過ぎないように適切にコントロールしている遺伝子があり、その遺伝
子にコピーミスがあると細胞が増え過ぎてしまう可能性が生じます。それが、
がんです。がんの中でも遺伝性と呼ばれているものは、乳がんや大腸がん
など、生まれつき特定のがんが生じやすくなります。他にも、徐々に筋力が
低下する筋ジストロフィーや、骨格や心臓血管に影響が現れるマルファン症
候群など、遺伝子の変化が原因である病気は数多くあります。「遺伝子のコ
ピーミスがなければ、こんな病気は起きないはずなのに」と思われるかもし
れません。

　しかし、遺伝子のコピーミスがあったからこそ、生命の歴史の中で私たち
人間が生まれることにもつながりました。地球で最初に生まれた生命は、単
純な単細胞生物です。もちろん、この細胞も遺伝子をもち、コピーすること
で細胞数を増やしていました。もし、遺伝子を完璧にコピーできたとすれば、
この生物はいつまでも変わらず、同じものが増え続けたはずです。あるとき

にコピーミス、もしくは紫外線などで遺伝子に変化が起きたために、別の種類の生物が生まれたのです。遺伝子変化のしくみにはコピーミスだけでなく、いろいろな原理がありますが、その積み重ねがあってさまざまな生物が生まれ、進化してきました。現在、地球上は数え切れないほどの種類の生物であふれていますが、この多様性を作り出したのは、遺伝子変化です。「遺伝子は変化する」という性質が、進化の原動力なのです。

「違い」によって生命は進化した

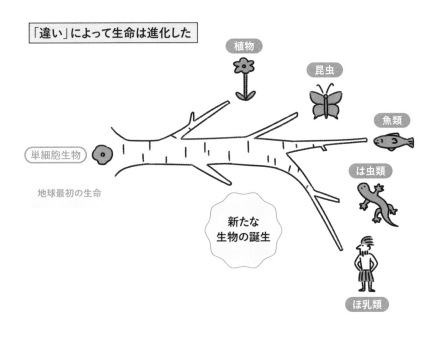

植物

昆虫

魚類

は虫類

単細胞生物

地球最初の生命

新たな
生物の誕生

ほ乳類

まとめ

1 遺伝子変化は病気の原因になり得る

2 そもそも遺伝子は変化するものである

3 遺伝子が変化するからこそ生命は進化できる

遺伝子の始まりは宇宙?

生命誕生の謎にはいろいろな説がある

　地球ができたのは今から約46億年前。地球で初めて生物が誕生したのは38億年以上前と考えられています。海の中で生まれ、細胞1つだけで生きることができる小さな微生物でした。

　しかし、どのようにして生物が生まれたのか、今でもはっきりとわかっていません。生物と呼ぶからには、遺伝子をもち、遺伝子から作られるタンパク質などがあり、細胞として膜に覆われている必要がありますが、これらの現象が同時に起きて生物が生まれるとは、なかなか考えにくいものがあります。

　遺伝子の起源については、気になる仮説があります。それは、宇宙から飛来してきたのではないか、というものです。とはいえ、タンパク質のもととなる遺伝子そのものではなく、遺伝子の文字に相当するDNAが、隕石に付着した状態で地球にやってきたという仮説です。「DNA宇宙飛来説」といったところでしょうか。

　実際、2011年にアメリカ航空宇宙局(NASA)が発表した研究成果によると、南極などで見つかった隕石を分析したところ、DNAの中にある塩基のうち、A(アデニン)とG(グアニン)が発見されたそうです。つまり、DNAの「ご

く一部の部品」は宇宙からやってきた可能性があるということです。しかし、確実なことはほとんどわかっていないのが現実です。

　また、最初はDNAではなくRNAが先にあり、タンパク質を作るRNAのデータのバックアップ先としてDNAが使われたという「RNAワールド仮説」もあります。地球最初の生命の誕生、そして遺伝子の誕生の謎は、まだまだ尽きないようです。

DNA宇宙飛来説

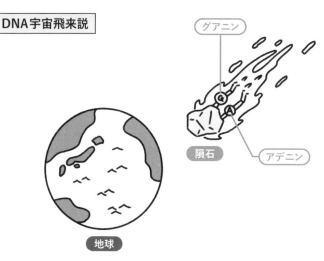

DNAの「ごく一部」が
隕石に付着したまま地球まで飛んできたという仮説がある。

まとめ

1 地球で初めて生物が誕生したのは38億年以上前

2 DNAの一部は宇宙からやってきたのかもしれない

3 最初の遺伝子はRNAだった可能性もある

遺伝子って
何種類あるの？

人間の遺伝子は思ったよりも多くない

　人間には何種類の遺伝子があるのでしょうか。ちょっと考えてみてください。といってもノーヒントではまずわからないと思うので、ヒントを出します。

　単細胞生物である大腸菌は約4400種類、キイロショウジョウバエという昆虫は約1万5000種類、人間と同じほ乳類であるマウス（ハツカネズミというネズミの一種）は約2万種類です。

　人間のカラダは、これらの生物よりももっと複雑ですが、遺伝子の種類はどうでしょうか。

　実は、人間がもつ遺伝子は、マウスとほぼ同じくらいと推定されています。1990年代は、マウスよりもはるかに複雑なカラダをしているのだから、10万種類くらいあるだろうと考えられていました。しかし、人間のゲノムを隅々まで解析してみると、多く見積もっても2万2000種類くらいしかないことがわかりました。2021年の最新の報告によると、人間にある遺伝子は1万9969種類だそうです。

　ちなみに、植物に話を広げるともっとややこしくなります。イネの遺伝子は約3万2000種類と推定されていて、人間よりも数が多いようです。

　　人間と植物とではカラダの構造や生き方が根本的に違うため、遺伝子の数の違いで優劣を比べることすら無意味と言えます。

遺伝子の種類

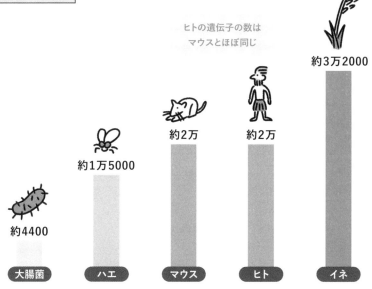

ヒトの遺伝子の数は
マウスとほぼ同じ

約3万2000

約1万5000

約2万

約2万

約4400

大腸菌　　ハエ　　マウス　　ヒト　　イネ

ヒトの遺伝子はマウスと同じくらい。
イネはヒトよりも1万種類以上多い遺伝子をもつ。
「遺伝子の種類が多い＝より優れた能力をもつ」
という考え方は間違い。

まとめ

1 人間の遺伝子は約２万種類

2 植物の遺伝子はもっと多い

3 遺伝子が多いから優れている、というわけではない

遺伝子以外のDNAは
何をしているの？

遺伝子の不思議

タンパク質を作らないRNAがあるらしい

　人間のDNAは、およそ30億文字で書かれていると考えられています。そのすべての文字が遺伝子、つまりタンパク質を作ることができるのかというと、そうではありません。むしろ、タンパク質を作らないところがほとんどのようです。ゲノムのうち、遺伝子に該当するところは全体の2％程度であり、残りの98％くらいは遺伝子ではない、つまりタンパク質を作らないのです。

　では、残りの98％が何もしていないかというと、そうでもないようです。タンパク質は作らないけれど、コピーされたRNAがいろいろなことをしていることが、ここ20年くらいで少しずつわかってきました。例えば、別のRNAを壊してタンパク質が必要以上に作られないように微調整しているようです。

　生物を料理のレシピに例えたときに、食材を適当に混ぜれば料理ができるわけではありません。正しい量の食材を正しい順番で、正しく調理する必要があります。タンパク質を作らないRNAは、そのあたりの微調整をしているとも言えそうです。

　レシピ本の例えをさらに使うのなら、遺伝子はレシピに必須の材料名が書かれたところで、遺伝子以外の部分は細かいコツなどが書かれている注

意書きのようなものです。材料だけでも料理はできますが、細かいコツがあることでよりおいしい料理ができるように、遺伝子以外のところは生物のカラダや機能をより複雑にできるのです。どのような注意書きがあるのかということについても研究が進んでおり、今後明らかになることでしょう。

タンパク質を作らないRNAの仕事

食材を正しく計量する　正しく材料を切る　適切に調理する　きれいに盛り付ける

レシピ本で例えると……

材料名だけのレシピ本

注意書きの多いレシピ本

料理で言えば、食材を正しく計量し、適切に調理することを
タンパク質を作らないRNAが補っていると考えられている。
レシピ本で言えば、注意書きが多く書いてあり、
よりおいしいものが作られるようになる。

まとめ

1 人間のゲノムのうち遺伝子は2％程度

2 ゲノムの98％はタンパク質を作らない

3 RNAだけで何かをしているらしい

他人と自分の遺伝子はほぼ同じ？

ゲノムの個人差は0.1%しかない

　私たちは普段の生活の中で、AさんとBさんを顔立ちなどで見分けています。顔の輪郭、鼻の高さ、目の大きさや位置、耳の形など、判断材料はさまざまです。後ろ姿だったとしても、大まかな体格で「あの人だ」とわかるときもあります。海外の人であれば、目や肌の色も見分けるヒントになります。このように、顔やカラダつきは人によってさまざまであり、だからこそ私たちは、ある人と別の人を見分けることができます。では、ゲノムで見た場合、ある人と別の人はどれくらい違うのでしょうか。

　実は、ゲノムで比較すると、個人差は0.1%くらいしかないと考えられています。これは、国際ヒトゲノムプロジェクトという世界的プロジェクトからわかったことです。このプロジェクトは、1990年にスタートしたものです。当時まだわかっていなかった、ヒトのゲノムの配列をすべて明らかにするプロジェクトでした。2003年に完了し、何人かの配列を比較した結果、個人差が0.1%だったわけです。0.1%というと小さいように思えますが、ヒトのゲノムは約30億文字なので、計算すると約300万文字も違うことになります。この違いが、見た目だけでなく、体質やある種の病気のなりやすさなどにも関

係していると考えられており、研究が進められています。

　なお、例外的に、ゲノムが完全に同じ人が存在します。一卵性双生児です。1個の受精卵が完全に別々に分かれて2人として生まれた一卵性双生児は、共通の細胞から生まれたため、ゲノムは基本的に一致することになります。

他人と自分の遺伝子はほぼ同じ

見た目が全然違う人でもゲノムの文字列の99.9%は同じ。
目立つところだけの違いに注目するよりも、
まずは同じヒトという認識をもつことが大切。

まとめ

1 ゲノムの個人差は0.1%

2 約30億文字中の300万文字ほどが違う

3 一卵性双生児のゲノムは完全に同じ

なぜ親から子へ
遺伝するの？

父親と母親のゲノムを半分ずつ受け継いでヒトとなる

　親子は似ているとよく言われます。なぜ、親子は似るのでしょうか。そこにも遺伝子が関わっています。

　子どもができるときにはまず、精子と卵子が受精して受精卵となります。この受精卵が細胞分裂をくり返して胎児となり、ある程度の大きさとなったら生まれることになります。受精の際、精子と卵子には、それぞれ父親と母親のゲノムが含まれています。父親と母親のゲノムが合わさって、子どもの新しいゲノムのセットができます。これが、「遺伝」という現象の正体です。遺伝という言葉は、「見た目が子どもに伝わること」という意味で使われることもありますが、厳密には「ゲノムが子どもに伝わること」です。

　ヒトのゲノムは全部で約30億文字です。もし、単純に父親と母親のゲノムを合わせると、子どものゲノムは合計約60億文字になってしまいます。一体どうなっているのでしょうか。

　ここで、生物はひと工夫しています。ゲノムを2つで1セットもっていると考え、精子と卵子にはそれぞれ1つだけ含まれていると考えます。事前に割り算をしておくことで、足したとき（受精したとき）にあるべき数字になるよう

にしているのです。よく「足して2で割る」と言いますが、生物は「2で割ってから足す」ということをやっています。

両親のゲノムを1つずつ受け取る

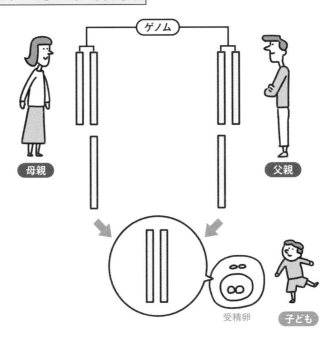

ゲノム

母親

父親

受精卵　　子ども

両親のゲノムの2つ1セットのうち1つずつを受け取り、
子どもも2つ1セットになる。

まとめ

1 精子と卵子を介して遺伝子が伝わる

2 遺伝とは、遺伝子が伝わること

3 両親から2つ1セットのゲノムを1つずつ受け取る

クローン羊ドリーは
どうやって作られた？

別の羊の乳腺細胞と卵子を融合させて生まれた

　本や映画のSF作品ではしばしば「クローン」が登場します。同じ顔をした人間が一斉に襲いかかってくる、なんてシーンを思い浮かべるかもしれません。あるいは、クローン羊の「ドリー」を昔のニュースで見たことがある人もいるでしょう。クローンという言葉にも、遺伝子が関わっています。

　クローンとは、「同じ遺伝情報をもつ細胞や個体」という意味です。簡単に言えば、完全に同じ遺伝子をもち、ゲノムが同一の細胞または生物のことです。その意味では、一卵性双生児もクローンです。ただ、一般的には一卵性双生児のことをクローンと呼ぶことはあまりなく、人工的に作られたときにクローンと呼ぶことが多いようです。

　人工的に作られたクローンとして有名なのが、1997年に誕生したクローン羊のドリーです。ドリーは、大人の羊Aから乳腺細胞（ほ乳類だけがもつ、胸部にある乳汁を分泌する腺の細胞）を取り出し、別の羊Bの卵子（DNAが含まれる細胞核を除去したもの）と細胞融合させ、その融合細胞を羊Cの子宮に移植して生まれました。ドリーは羊Aと同じゲノムをもっているので、羊Aのクローンがドリー、というわけです。カエルなどではクローンの作製に

成功していましたが（カエルのクローン作製に成功したジョン・ガードン博士は2012年にノーベル生理学・医学賞を受賞しました）、ほ乳類ではドリーが初めてだったため、大きな話題となりました。

　もし、肉質のよい牛のクローンを作ることができれば、安定して質の高い牛肉を作ることができるため、クローン技術は特に畜産業で待望されています。しかし、成功率はかなり低く、まだ基礎研究の枠を超えるには至っていません。

クローン羊が生まれるまで

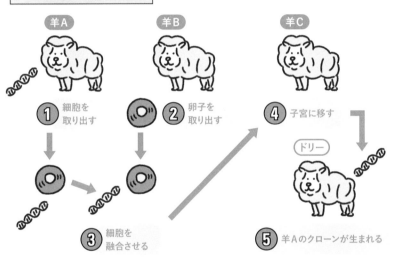

羊A
羊B
羊C

① 細胞を取り出す
② 卵子を取り出す
④ 子宮に移す

ドリー

③ 細胞を融合させる
⑤ 羊Aのクローンが生まれる

まとめ

1 クローンとは、ゲノムが同じ細胞や生物のこと

2 ドリーは細胞を提供した別の羊と同じゲノムをもつ

3 クローン技術は畜産業に応用できる可能性がある

ゲノムは人の手で切り貼りできる

別の生物の遺伝子を移植したり、遺伝子を書き換えたりする

　青い色の花はいくつもありますが、青いバラは自然界に存在しません。そのため、花言葉は「存在しないもの」でした。ところが2002年、遺伝子を扱うことで、青いバラを人工的に作り出すことに成功しました。今では、花言葉は「夢は叶う」に変わり、優勝したスポーツ選手に贈られることもあります。

　バラには、赤や黄色の花を咲かせるものがあります。赤や黄色に見えるのは、花びらの中に赤や黄色の「色素」という成分が含まれているからです。そして、バラは赤と黄色の色素を作る遺伝子をもっています。ところが、青の色素を作る遺伝子がないため、万が一にも青い花びらを咲かせるバラが生まれるはずがないのです。では、青いバラは、なぜ青の色素を作ることができたのでしょうか。それは、青色のパンジーから、「青の色素を作る遺伝子」を、バラのゲノムの中に組み込んだからです。これは「遺伝子組換え」という方法で、いわば、遺伝子の移植のようなものです。生物が別でも、基本的には同じ遺伝子から同じタンパク質が作られ、同じ機能を発揮します。パンジーがもっている「青の色素を作る遺伝子」も、バラの細胞の中で同じように機能し、青の色素を作り出したのです。

　そして2013年以降、新しい技術によって遺伝子をさらに簡単に書き換えられるようになりました。「ゲノム編集」という方法です。遺伝子はA、T、G、Cの4種類の文字から成り立っていますが（→P.14）、これを1文字単位で削除・挿入・修正できる技術です。何十億文字とある文書ファイルの中から、ピンポイントに直したいところを探して書き換えることができます。ゲノム編集を使って、栄養価の高いトマトや、毒のないジャガイモの開発が進められています。また、遺伝子が原因の病気の治療にも活用できると期待されています。

遺伝子組換えのしくみ

① パンジーの青色色素を作る遺伝子を取り出す

② バラのゲノムに組み込む

③ 青いバラができる

ゲノム編集のしくみ

ATCGTGCATGATATCACGCCATAGTATACAT

⬇ 1文字だけ変えたり、別の文字を入れたり、消したりできる

ATCGTGCATGATATCTCGCCATAGTATACAT

まとめ

1 別の生物の遺伝子を移植できる

2 青いバラは、青の色素を作る遺伝子を入れて作られた

3 ゲノム編集は正確に遺伝子を書き換えられる

遺伝子を書き換えれば 肉体改造も可能？

完全無欠な人間は難しそうなうえにリスクが大き過ぎる

　ゲノム編集という技術を使えば、遺伝子変化を原因とする病気を治せる可能性があります。裏を返せば、人体を遺伝子レベルで強化できる可能性もあるかもしれないということです。

　例えば、「ミオスタチン」という遺伝子は、筋肉を必要以上に作らないように筋肉合成を抑える役目があります。この遺伝子の機能がなくなったマダイは肉厚になり、牛で同じことが起きると筋肉が隆々になります。もし、ゲノム編集を使って、ヒトのミオスタチン遺伝子の機能をなくせば、ムキムキの人間になれるのかもしれません。

　アメリカ・マサチューセッツ工科大学、ハーバード大学のジョージ・チャーチ教授は、ゲノム編集などの方法を使って、「この遺伝子を書き換えたらこのようなメリットとデメリットがある」というリストを、自身の研究室のウェブサイトで公開しています（2021年9月時点）。

　例えば、CCR5という遺伝子の機能をなくせば、エイズを引き起こすHIVというウイルスに感染しにくくなります。しかし、逆にインフルエンザウイルスに感染しやすくなることもわかっています。「これを変えるとあれが変わる」

というのが実情のようで、いいとこどりは難しいようです。

　また、遺伝子の機能は完全に解明されたわけではありません。遺伝子を変えることでどのような影響が現れるのか、人類はほとんど知りません。そのため、子どもや孫にも影響が出る受精卵へのゲノム編集は、現時点ではリスクが高過ぎるとして否定的な見方がなされています。

遺伝子書き換えによるマッチョ化

マッチョな
肉体になる

普通の牛

ゲノム編集

ミオスタチン遺伝子が機能しない牛

ミオスタチンという遺伝子をゲノム編集すれば、
筋肉隆々のカラダに変えることができる。
そのため、ヒトのミオスタチン遺伝子の機能をなくせば
スーパーマンも実現可能かもしれない。
ただし、ヒトへの応用は、リスクが高いため現実的ではない。

まとめ

1 ミオスタチンの機能をなくせばムキムキになれるかも

2 ゲノム編集で遺伝子レベルの肉体改造ができるかも

3 人間の遺伝子を変えることは未知のリスクを伴う

DNAは全長1200億キロメートルって本当?

　人間の全細胞に入っているDNAを全部つなげて伸ばすと1200億キロメートルになるといわれています。

　DNAの2個の塩基の間の幅は0.34ナノメートルです。人間のDNAは全部で30億塩基の長さでできていますが、父親と母親から2つ受け継いでいるので、細胞1個に含まれるDNAの長さは、

0.34ナノメートル × 30億塩基 × 2 = 2.04メートル

になります。そして、人間は全部で60兆個の細胞からできているとすると、

2.04メートル × 60兆個 = 1224億キロメートル

となります。これが1200億キロメートルの根拠です。

　ところが最近、人間は60兆個も細胞をもっていないとする計算結果が報告されました。そもそも「60兆個」は、細胞が一辺10マイクロメートルの立方体、密度を水と同じとして、体重が60キログラムと仮定した場合という大雑把な計算がもとになっていました。そこで、臓器や組織ごとに写真から細胞の大きさを測定し、細胞の数をより正確に計算した結果、「30歳、身長172センチ、体重70キログラムの場合、細胞数は37兆2000億個」と推定されました。この数字で再計算すると、次のようになります。

2.04メートル × 37.2兆個 = 759億キロメートル

　しかも、全細胞の3分の2を占める赤血球にはDNAがないため、実際には250億キロメートル程度になります。この距離は、地球と太陽の間を83往復でき、地球と海王星の距離の約5倍にもなります。

"第2部"

気になる
あの謎を
遺伝子で
解く

生活の中で、「どうしてこんな気持ちになるんだろう」「どうして病気になるんだろう」などと考えたことはないでしょうか。第2部では、そんな疑問を「ココロ」「カラダ」「人生」「病気」「食」「生命」というカテゴリから見ていきます。

遺伝子でわかる

ココロの不思議

幸せの感じ方が
違うのはなぜ？

幸せの感じ方は人それぞれ。
でも、なぜ違うのでしょうか。
もしかしたら遺伝子が違うから、かも。

遺伝子の文字列の違いが幸せの度合いを変えている？

　例えば収入や生活スタイルが似ているなど同じような境遇でも、自分が幸せかどうかは人によって感じ方が違うようです。ある人は、「幸せだ」と思っていても、別の人は「自分は幸せとは思えない」と感じているのかもしれません。この違いは、脳内で神経伝達物質を受け取るタンパク質を作る遺伝子の個人差が原因の可能性があります。

　愛知医科大学などの研究グループは、大学生または大学院生198人を対象に、幸福度を調べるアンケートを行い、幸福度を数値化しました。この数値と、CNR1という遺伝子の個人差に相関関係が見られたとのことです。

　この研究における「遺伝子の個人差」とは、遺伝子を構成する文字列（→P.14）のうち1文字だけ違うことをいい、これを「一塩基多型（SNP〈スニップ〉）」と呼びます。

　両親から遺伝子を受け継ぐ際、「A」「T」「G」「C」の文字のうち、父親と母親から両方Cを受け取ったときにはCC、片方の親からCともう片方の親からTを受け取ったときはCT、両親からTだけを受け取ったときはTTとなります。

遺伝子でわかる
ココロの不思議

遺伝子でわかる
カラダの不思議

遺伝子と
人生のこと

遺伝子と
病気のこと

遺伝子でわかる
食の不思議

遺伝子でわかる
生命の不思議

　今回、個人差が見られた（文字が1つだけ違う）場所にはrs806377という番号が割り振られており、そこがCCまたはCTだと、幸福度のスコアが高かったというわけです。

　この研究は大学生または大学院生が対象なので、全世代で同じ結果となるかどうかまではわかりません。また、幸福度はCNR1遺伝子だけで決まっているわけではありません。ただ、CNR1遺伝子が作るタンパク質は、神経細胞に存在し、脳内マリファナ類似物質を受け取る機能があります。そのため、CNR1遺伝子が幸福と関係しているという可能性はありそうです。

CNR1遺伝子が幸せに関係している？

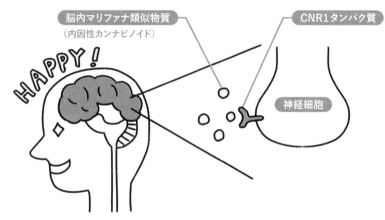

神経細胞の表面にあるCNR1タンパク質に
脳内マリファナ類似物質が結合すると、快楽や興奮を覚える。

＼ お役立ちMEMO ／

脳内マリファナ類似物質は、正確には内因性カンナビノイドという物質です。マリファナは幻覚作用があるとともに快楽や興奮をもたらす薬物です。それと似たような物質が脳内にもともと存在しています。

遺伝子には
怒りスイッチが
ある？

いつも何かに怒っている人もいれば
いつもおだやかで物静かな人もいます。
その違いはどこにあるのでしょうか。

セロトニンの受け取り方で"怒りハードル"の高さが変わる

　人によって、怒りっぽい人もいれば、滅多に怒らない人もいます。後者も、表に感情を出さないだけで、心の中で怒っているという場合もあり、そのほうがよっぽど怖いかもしれません。前項では、幸福の感じやすさに遺伝子が関わっていることを紹介しましたが、怒りっぽさについてはどうでしょうか。

　ドイツの研究グループが、363人のドイツ人を対象に行った研究成果があります。怒りを表に出しやすいかどうかを数値化するアンケートを行い、HTR2A遺伝子との関係を調べました。その結果、HTR2A遺伝子の個人差であるSNPで、rs6311という場所がCCの組み合わせだと怒りやすい傾向にあることがわかりました。

　HTR2A遺伝子は、神経伝達物質であるセロトニンを神経細胞で受け取るタンパク質を作る遺伝子です。セロトニンは、精神を安定させる効果があるとされています。つまり、セロトニンの受け取り方が遺伝子の個人差で少し変わると怒りっぽくなるという可能性がありそうです。

　実際には、神経伝達物質にはドーパミンやノルアドレナリンなど、怒りや

興奮をもたらすものがあり、セロトニンとのバランスのもとで感情が引き起こされます。

セロトニンの受け取り方による違い

神経細胞の表面にあるHTR2Aタンパク質が
セロトニンを受け取ることで、神経細胞に情報が伝わる。
HTR2A遺伝子の個人差によってセロトニンを受け取る感度が変わり、
怒りやすさに関係すると考えられている。

\ お役立ちMEMO /

神経伝達物質は、神経細胞から次の神経細胞に情報を伝える物質です。セロトニンのように安心感や平常心をもたらすものや、ドーパミンやノルアドレナリンのように興奮や快楽をもたらすものがあります。

遺伝子でわかる
ココロの不思議

遺伝子でわかる
カラダの不思議

遺伝子と
人生のこと

遺伝子と
病気のこと

遺伝子でわかる
食の不思議

遺伝子でわかる
生命の不思議

好みの異性は「匂いの遺伝子」で選んでいる？

匂いフェチでなくても、付き合っている人の匂いが好き、
という人はいるようです。
もしかしたら遺伝子レベルで気が合っているのかも？

遺伝子の匂いを嗅ぎ分け、相性を探っている!?

　異性の匂いが好き、という感覚はないでしょうか。香水やシャンプーの匂いではなく、本人のカラダから感じられる匂いのことです。これについては、スイスで行われた有名な実験があります。

　実験では、44人の男子学生に2日間、同じTシャツを着続けてもらいました。そのTシャツの匂いを女子学生に嗅いでもらい、「大好き」から「大嫌い」まで10段階で点数をつけてもらいました。その点数と、HLAという遺伝子の型に関係があった、というものです。

　HLAは、免疫に関係する遺伝子です。HLAが多様であるほど、ウイルスや細菌など、いろいろな外敵に対応できると考えられます。そして、この実験では、好みの匂いの持ち主である男子学生のHLAは、女子学生のHLAと異なる傾向にあったとのことです。HLAの異なる相手が好みということは、もし2人の間で子どもが生まれた場合、その子どもは両親とはまた異なったHLAをもつことになります。つまり、生まれる子どもの免疫のことを、匂いから感じ取っているのではないかと考えることができます。

ただし、HLAの種類をどうやって匂いとして感じ取っているのかについては、あまりわかっていません。『人は見た目が9割』（竹内一郎著、新潮新書）という言葉がありますが、恋愛においては、匂いも少しは関わっていそうです。

匂いの好き嫌いは遺伝子のせい？

HLA遺伝子のタイプが似ていないほど好きな匂いと感じる。

\ お役立ちMEMO /

HLAは赤血球以外のほぼすべての細胞の表面にあるタンパク質です。自分の細胞か自分以外（または細菌やウイルスなどの敵）かを見極めて、敵を攻撃するよう免疫システムが判断するときの重要な目印です。臓器移植では、HLAのタイプが一致していないと敵とみなされて拒絶反応が起きるので、必ずHLAのタイプが一致するか検査しています。

遺伝子でわかる　ココロの不思議
遺伝子でわかる　カラダの不思議
遺伝子と　人生のこと
遺伝子と　病気のこと
遺伝子でわかる　食の不思議
遺伝子でわかる　生命の不思議

父親に似た男性に
惹かれるって本当?

父親のことが嫌いという女性でも
付き合っている男性がなぜか父親に似ている……。
無意識のうちに父親のことを好いているということ?

好きな匂いの男性と、父親の匂いの遺伝子は似ている?

　女性の読者の中には、好きになった男性がどこか父親に似ている、と思ったことはないでしょうか。これも、もしかしたら前項のHLA遺伝子と関係しているのかもしれません。

　アメリカ・シカゴ大学の研究チームは、女性に対して男性の匂いを嗅がせて、その匂いが好みかどうか答えてもらいました。ただし、この実験では答えてもらう女性に、匂いの持ち主が男性であることを教えていません。すると、好みの匂いと思った男性のHLAのパターンは父親と似ていることがわかりました。父親と似た匂いがする男性に惹かれるという根拠の1つになっています。

　ここで、「おや?」と思った読者がいるかもしれません。前項では、自分とはHLAが違う相手を好むことを紹介しました。自分が父親と母親の遺伝子を半分ずつ受け取って生まれたということは、自分と父親は、遺伝子上は半分似ていることになります。ということは、HLAの多様性を作るうえでは、父親とは似ていない人と子どもをもうけるほうが理に適っているはずです。

遺伝子でわかる
ココロの不思議

遺伝子でわかる
カラダの不思議

遺伝子と
人生のこと

遺伝子と
病気のこと

遺伝子でわかる
食の不思議

遺伝子でわかる
生命の不思議

　研究成果としてはどちらも間違ってはいないのですが、反対の結果が出たということは、HLA遺伝子の匂いだけで簡単に好みの相手が決まるわけではなさそうです。もしかしたら、好みの異性に惹かれる理由には、まだ私たちの知らない遺伝子が関わっているのかもしれません。

父親と似た匂いの男性に惹かれる？

父親と似た匂いがする男性に惹かれる可能性があることは
遺伝子研究で明らかになっている。しかし匂い以外の部分で、
また違った遺伝子が関係していることも考えられる。

遺伝子 Q&A

　Q　HLA遺伝子はフェロモンの成分にも影響を与えるの？

　A　そういった説もあります。フェロモンは、脳の中でも匂いに関する情報を処理する場所ではなく、本能をつかさどる場所に直接届くので、匂いではなく本能的に好みを感じ取っているのかもしれません。

人はなぜ1人で
生きられないの？

人付き合いが苦手でも
学校や会社では他の人と一緒にいなければいけません。
1人で生きていくことはなぜ難しいのでしょうか。

集団生活をすることでここまで生きてこられた

　新型コロナウイルス感染症（COVID-19）の世界的広がりは、人びとが直接会う機会を大きく奪いました。その結果、プライベートでは友達とのオンライン飲み会が盛んになったり、ビジネスシーンでもリモートワークが推奨されるようになったりしました。しかし、通信技術が発達し、画面越しで顔を見ることが可能になった時代でも、どうしても直接会いたいという欲求は少なからずあります。

　ヒトという生物は古来から集団生活を大切にしており、そこでさまざまな役割分担をすることで生き延びてきました。例えば、ある人は動物を狩りに行き、ある人は果物をとりに行き、ある人は居住地で服や家を作るなど、身体能力や性格に合わせて役割分担をしていました。集団でいることで、他の動物や、敵対する集団に襲われにくいというメリットもあったでしょう。1人で狩猟も料理も行い、常に敵に襲われないか怯えるよりも、集団生活をするほうが生き延びやすいのです。

　その名残は、遺伝子にも残っているようです。集団生活に欠かせない協

第2部　気になるあの謎を遺伝子で解く

遺伝子でわかる
ココロの不思議

遺伝子でわかる
カラダの不思議

遺伝子と
人生のこと

遺伝子と
病気のこと

遺伝子でわかる
食の不思議

遺伝子でわかる
生命の不思議

調性の強さは、rs2701448という遺伝子の個人差（➡P.44）の場所が影響していることを、アメリカ・ボストン大学の研究グループが報告しています。協調性が高いと、他人と共感しやすくなり、仲良くなろうとします。協調性が低いと、人付き合いを避ける傾向にあるものの、1人で作業することには長けており、孤独に強いとされています。どちらが優れているかどうかではなく、両方の性格の人間が集団内に混在することで、チーム力が必要な仕事と1人で淡々とやる仕事とを分業できるようになっているのです。

古来のヒトの生活

ある人は狩りに

ある人は果実をとりに

ある人は家や服を作り

昔から、集団で生活し、役割分担することでヒトは生きながらえてきた。

＼ お役立ちMEMO ／

協調性が低い人も、例えばコンビニで何かを買うときには店員のお世話になっているなど、周囲の人に支えられて生きているという意味では、やはり人間は1人では生きられないと言えます。無理に集団になじむ必要はありませんが、適度な距離をとって接するくらいの関係性をもっていたほうがよさそうです。

不安、孤独、悲しみは 遺伝子が正しく はたらいている証拠？

悲しくて落ち込んでいるとき、
「私はダメな人間だ」と自分を責めるかもしれません。
でもそれは、遺伝子からの正しいSOSかも？

不安や悲しみは自分の弱さからきているわけではない

　不安は多少なりとも、誰もが感じることです。仕事や恋愛がうまくいかなくて、悲しくなって涙を流してしまった経験もあるかもしれません。本当は楽しく人生を過ごしたいのに、なぜこのようなマイナスの感情をもっているのでしょうか。これにも遺伝子が関わっています。

　狩猟生活が中心だった時代には、不安や悲しみは、命に危険が迫っていることの合図であったと考えられます。不安や悲しみを感じることは、今の状況は自分にとって危険であり、そこから離れたほうがいいという生体反応であるわけです。もちろん現代では、少し不安を感じたり悲しくなったりする程度で、簡単に引っ越しをしたり会社を辞めたりすることができるわけではありませんが、「今よりもちょっとだけ工夫したほうがいいよ」という合図かもしれません。不安や悲しみを感じるのは、決して自分が弱いのではなく、むしろ「遺伝子が機能して合図を送っている」と考えると気が楽になります。

　ところで、人によって、楽観主義な人もいれば泣き虫な人もいます。この性格の違いにも遺伝子が関わっているようです。アメリカ・カリフォルニア

大学の研究チームは、ゲノムの中でrs6981523とrs9611519という場所が情緒安定性に関わっていることを報告しています。情緒安定性が高いと楽観主義的な人になりますが、逆に危険な行動をとりやすくなります。情緒安定性が低いと、不安を感じやすくなりますが、危険を避けようと慎重に行動しようとします。これもまた、どちらが優れているかではなく、ともに個性があるということです。

負の感情は遺伝子の個人差によるもの？

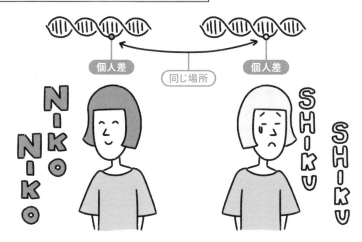

DNA1文字の違いが、楽観主義か悲観主義かに影響を与える
（ただし、遺伝子だけで絶対決まるわけではない）。

＼ お役立ちMEMO ／

不安を感じることは、遺伝子が正しく機能している証拠です。どうしても不安から抜け出せないときには、「自分はなぜ不安に感じているのか」と客観視してみてはいかがでしょうか。せっかくなので、遺伝子の機能を正しく活用することをおすすめします。それすらもできないほど頭が回らないときは、無理せずに医師に相談しましょう。

遺伝子でわかるココロの不思議

遺伝子でわかるカラダの不思議

遺伝子と人生のこと

遺伝子と病気のこと

遺伝子でわかる食の不思議

遺伝子でわかる生命の不思議

新婚生活が
うまくいかないのも
遺伝子のせい？

新婚生活には楽しみがたくさんありますが、
パートナーとうまくいかない場合もあります。
その原因はどこにあるのでしょうか。

オキシトシンの放出量を左右する遺伝子がある

　パートナーとの結婚後、急に相手の嫌なところや性格が気になって、「甘い新婚生活はどこへ？」と思った人は少なくないようです。

　結婚すると、多くの場合は長期間、同じ空間で過ごすことになります。ところが、一緒に過ごすことになるパートナーは、遺伝子から見れば赤の他人です。赤の他人との共同生活なので、うまくいかないことが多くて当たり前かもしれません。むしろ、そのような齟齬をうまく解決し、あるいは認め合って初めて、パートナーとの絆や信頼が生まれてくるのでしょう。

　では、そのような絆を作りやすい人にはどのような特徴があるのでしょうか。それについて、遺伝子の観点から研究したものがあります。アメリカ・アーカンソー大学の研究グループが新婚夫婦71組142人を対象に、結婚から3年間、相手にどのような気持ちで接したか、夫婦関係をどう感じたかについてアンケートを行いました。その結果、CD38遺伝子にあるrs3796863という遺伝子の個人差が、夫婦関係の満足度（感謝・信頼・寛容の気持ち）と関係していることがわかりました。CD38遺伝子は、細胞膜にあるタンパク

質を作り、「愛情ホルモン」とも呼ばれるオキシトシンの放出に関わると考えられています。CD38遺伝子がないマウス（ネズミの一種）では、血液中のオキシトシン濃度が低く、他のマウスとの友好関係や母性行動が弱くなります。

　人間の場合、「rs3796863がこのタイプなら必ず新婚生活がうまくいかない」というわけではありませんが、夫婦関係の満足度が高くない遺伝子の個人差をもつ人は多くいます。ということは、「新婚生活がうまくいかないのは自分たちだけではない」と、考えを切り替えるだけで気が楽になるかもしれません。結婚生活が長い人に相談したりアドバイスをもらったりすることで、新婚生活のギクシャクを乗り越えることができるでしょう。

夫婦関係を左右する遺伝子

オキシトシンが多い　　　　　　　　　　オキシトシンが少ない

CD38遺伝子の個人差によって、
愛情ホルモンであるオキシトシンの放出量が変わっているかもしれない。

＼ お役立ちMEMO ／

イギリス・ブリストル大学などの研究によると、夫婦関係が良好だと、約19年後の男性のLDLコレステロール値が平均して4.5mg/dL低下し、BMIは1だけですが低下したとのことです。円満な夫婦関係は、男性の健康状態にも関係するようです。男性は職場と家庭にしか人間関係をもたない人が多く、家庭環境と健康状態との関係が強く出ると考えられます。

遺伝子でわかるココロの不思議

遺伝子でわかるカラダの不思議

遺伝子と人生のこと

遺伝子と病気のこと

遺伝子でわかる食の不思議

遺伝子でわかる生命の不思議

どうして
差別をするの？

差別問題は時代や場所を超えて人類永遠の課題。
しかし、遺伝子レベルで人間を見てみると
差別する理由が全く見つかりません。

遺伝子から見れば、誰ひとりとして同じ人間はいない

　人間社会に根深く残っているのが差別問題です。肌の色だけで扱いを変える人種差別、性別だけで入学試験の通りやすさや仕事の評価が変わってしまう性差別、出身国が違うだけで侮辱的な言葉を投げる国籍差別、障害者に対して心ない言動をとる障害者差別など、どんなに法整備をしてもいまだになくなっていません。

　差別とは、自分と他者を切り分け、他者を見下すことです。人間が集団生活をしてきた歴史の中で、自分たちの集団の仲間意識を高め、他の集団よりも優れていると考えることは、生存率を高めるうえでは理に適った行動だったのかもしれません。しかし、現代社会では、仲間意識はより広くなり、地域や国家を超えて地球規模で1つの集団とみなすべきでしょう。この時代では、差別という行為は前時代的であるといえます。

　ここで少しだけ、遺伝子の観点から、差別というものがいかに無意味なものかを考えます。差別とは、自分の集団と他の集団を切り分けることです。しかし、一人ひとりの遺伝子を簡単に調べることができる現在において

わかってきたことは、遺伝子レベルでは誰ひとり同じ人はいないということです。病気になりやすいかどうか、協調性があるかどうかといった多少の差はありますが、「すべての遺伝子において最強の人間」という人はいません。むしろ、多様な人びとが集まることで、ある人の長所で別の人の短所を補い、得意なことで役割を分担し、社会が発展してきたと考えることもできるのです。他人を差別することは、結局は自分を他者から切り離して孤立することの裏返しであり、自分の生存確率を下げることになってしまいます。

遺伝子レベルで同じ人間はひとりもいない

ゲノムを見れば誰ひとりとして同じ人はいない。
集団として分けることもできない。
遺伝子の研究が進んだ現在、差別することは時代遅れとも言える。

遺伝子
 同性愛への遺伝子の影響は8〜25％

最近の日本の差別問題の1つにLGBTがあります。LGBTの中でも同性愛については、遺伝子の影響は8〜25％という研究成果が2019年に発表されました。その遺伝子の中には、リスクを伴う行動をとりやすい、好奇心が旺盛といった特徴があるようで、生存に有利な性質かもしれません。

遺伝子でわかる
ココロの不思議

遺伝子でわかる
カラダの不思議

遺伝子と
人生のこと

遺伝子と
病気のこと

遺伝子でわかる
食の不思議

遺伝子でわかる
生命の不思議

うつ病などの
精神疾患も遺伝子が
関係している?

うつ病と遺伝子。少しは関係しているようですが、
「この遺伝子があると必ずうつ病になる」
というものではないようです。

どんなに強靭な人でも、強いストレスに晒されればうつ病に

　遺伝子と人間の関係というと、カラダの特徴を思い浮かべる人も多いと思います。実際、髪の色や性別は遺伝子によってはっきりと決まります。しかし、本書で紹介しているように、性格や心といった部分にも、遺伝子だけですべて決まるわけではありませんが、少しは遺伝子が関わっていることがわかってきました。

　では、心の病気ともいえる精神疾患と遺伝子の関係はどうでしょうか。例えば、うつ病は精神的ストレスや肉体的ストレスが原因で、脳がうまくはたらかなくなってしまい、やる気が起きなかったり、ネガティブな考え方になったりしてしまう病気です。不眠や頭痛など、カラダの不調も引き起こします。日本では、100人に約6人が一生のうちに1回は経験するという調査結果があります。

　海外で行われた双子の研究から、うつ病の原因のうち37%には遺伝的な背景があると推定されています。また、30万人のゲノムデータとアンケートを組み合わせた研究では、ゲノムの中の15カ所が、うつ病と関係すると報

遺伝子でわかる
ココロの不思議

遺伝子でわかる
カラダの不思議

遺伝子と
人生のこと

遺伝子と
病気のこと

遺伝子でわかる
食の不思議

遺伝子でわかる
生命の不思議

告されています。ただ、重要なのは、「この遺伝子があると必ずうつ病になる」というものは見つかっていないということです。あくまで「なりやすさ」について多少遺伝子が関係していそうだ、という研究報告です。どんなにメンタルが強い人でも、過度なストレスを受け続ければうつ病になるでしょう。適度な緊張感やストレスは必要かもしれませんが、強いストレスからはなるべく遠ざかるようにしてください。

うつ病などの精神疾患の要因はさまざま

遺伝子の影響

カラダの影響

環境の影響

メンタルヘルスは環境と遺伝子の両方から
影響を受けていると考えられる。

遺伝子Q&A

 Q 双子の研究って何を調べるの？

 A 双子の研究とは、例えば遺伝子が全く同じ一卵性双生児と、遺伝子が違う二卵性双生児を比べて、遺伝子の影響を調べるというものです。うつ病だけでなく、IQや運動能力も、ある程度は遺伝子に影響されていると推定されています。

モテる遺伝子はある？

　モテる遺伝子があるかというと、時代や場所によって答えが変わるかもしれません。顔の輪郭や身長、体重に関わる遺伝子はたしかにありますが、どういう見た目が好まれるかは時代や場所によって変わるからです。

　また、「モテる遺伝子」が直接あるのではなく、別の遺伝子の特徴と関係しているのかもしれません。例えば、短距離を速く走ることができる遺伝子の個人差はたしかにあります（→ P.80）。そこで、子どものときを思い出すと、足の速い男子は基本的にモテていたはずです。ということは、「足の速い遺伝子」イコール「モテる遺伝子」という関係ができてしまいます。

　もちろん、足が速いからモテるのはせいぜい学生時代までなので、大人になってからも「モテる遺伝子」であり続けるわけではありません。一生にわたってモテるための遺伝子があるかというと、今のところは「ない」と考えられています。

日本人が真面目なのは遺伝子のせい？

「日本人は生真面目」「ブラジル人は陽気」というように、民族によって性格が違う印象をもっているかもしれません。これも少しは遺伝子が関わっているようです。

鍵となるのは、5-HTT遺伝子です。この遺伝子は、精神を安定させる神経伝達物質であるセロトニンの脳内濃度を調節するタンパク質を作ります。5-HTT遺伝子に関係するDNAの場所には個人差があり、その個人差はS型とL型と呼ばれています。S型をもっていると不安を感じやすく、より慎重な行動をとるとされています。そしてL型は楽観的な性格で前向きに行動しやすくなります。日本を含むアジアではS型をもつ人が多く、「欧米に比べてアジアの人は真面目」という印象と関係しているようです。ただし、集団として見た平均であって、一人ひとりの性格まで厳密に当てることはできません。例えば、「S型をもっている人は絶対真面目な性格」というわけではありません。

P66

男女は
どこが違うの？
何で決まるの？

P68

遺伝子で顔は
どこまで決まる？

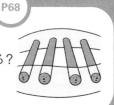

P74

手足を動かせたり、
文字を読めるのは
なぜ？

遺伝子でわかる

P78

運動神経は
遺伝する？

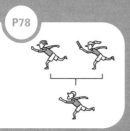

P82

「体内時計」は
遺伝子に
よるもの？

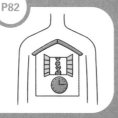

P84

眠らないと
生きられないのは
なぜ？

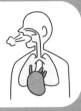

カラダの不思議

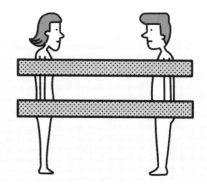

男女は
どこが違うの？
何で決まるの？

同じ人間なのに、男性と女性は見た目が大きく違います。
ここにも遺伝子が関わっています。
しかも、たった1つの遺伝子が……。

男性だけがもっている遺伝子がある

　人の見分け方にはいろいろありますが、そのひとつに男性か女性かというものがあります。もちろん、自分がどの性別かという性自認は人それぞれで、男性か女性かだけでなく、中性（男性と女性の中間）や無性（性自認がない）などがありますが、ここでは細胞や遺伝子のレベルで男性か女性かを考えます。

　男性ならではの遺伝子に「SRY遺伝子」というものがあります。SRY遺伝子は胎児の早い段階で、精巣を作るために機能します。その後、精巣は「アンドロゲン」というホルモンを分泌するようになります。アンドロゲンは男性ホルモンとも呼ばれているように、男性らしい特徴を作ります。胎児の段階では、男性器を作ることがアンドロゲンの主な機能です。妊婦さんがお腹の中の赤ちゃんの性別を知りたいとき、産婦人科医はエコー検査（超音波検査）の際に赤ちゃんにおちんちんがあれば男の子と判断しますが、このときにはすでにSRY遺伝子が機能していた、ということになります（ただし、小さな突起があるかどうかで判断するので、生まれたら女の子だった、という場

合もあります）。アンドロゲンは、思春期になると男性器の発達や変声、体毛の増加、筋肉の増強など、いわゆる「男性らしい見た目」を作るために作用します。この頃には、SRY遺伝子はすでに機能していませんが、アンドロゲンを分泌する精巣があるので、SRY遺伝子が直接機能しなくても男性らしいカラダ作りができます。

　SRY遺伝子は、男性だけがもっています。つまり、父親だけがもっており、母親はもっていません。子どもができるとき、父親からSRY遺伝子を受け継いだ受精卵が男性になる、というわけです。このことは、マウス（ネズミの一種）の実験で、メスの受精卵にSRY遺伝子を組み込むと精巣ができてオスになる発見からわかりました。

男性だけがもつSRY遺伝子

X,Yってなに？ ➡ P.92

SRY遺伝子があると精巣が作られる。
精巣から分泌されるアンドロゲンが男性らしいカラダを作る。

\ お役立ちMEMO /

「SRY遺伝子があるとオスになる」のは、ほ乳類だけの特徴です。他の生物では、性決定のしくみはさまざまです。特に魚類は、生きている間に性別が変化する「性転換」（➡ P.188）がよく見られます。魚類の中には、群の中で一番カラダの大きいメスがオスになるものがいます。環境によって性別が決まるという現象は珍しくないのです。

遺伝子でわかるココロの不思議

遺伝子でわかるカラダの不思議

遺伝子と人生のこと

遺伝子と病気のこと

遺伝子でわかる食の不思議

遺伝子でわかる生命の不思議

遺伝子で顔は
どこまで決まる？

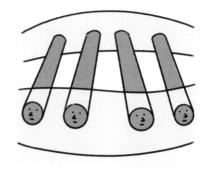

SF小説などには、遺伝子から似顔絵を作るシーンがよくあります。
現実にそんなことは可能なのでしょうか。
遺伝子で顔つきはどこまで決まるのかに迫ります。

顔の形態を決める遺伝子の個人差は1万カ所以上ある

　東野圭吾作『プラチナデータ』(幻冬舎)という小説は、遺伝子解析が発達した近未来の日本が舞台です。犯罪捜査にも遺伝子解析が活用され、犯罪現場に残された犯人の髪の毛などからゲノムを解析し、似顔絵をCGで合成するというシーンが登場します。目撃者がいない事件では有用そうな方法ですが、実際にこのようなことはできるのでしょうか。

　日本人と欧米人とでは顔つきが違います。例えば、鼻の高さ、あごの輪郭、彫りの深さなど、全体的な違いから部分的な違いまでさまざまです。一方で、ゲノムが同じ一卵性双生児の顔はとてもよく似ています。ということは、ある程度は遺伝子によって顔が決められているのは確かです。顔の輪郭については、特に骨の成長が大きく関わっていると考えられています。実際、PAX3という遺伝子は、骨の形成に関わるもので、ヨーロッパ人において鼻の高さに関係することがイギリスの研究グループから報告されています。また、特定の遺伝子1つに注目するのではなく、複数の遺伝子を解析して顔全体を3Dモデリングする研究もあります。

第2部　気になるあの謎を遺伝子で解く

遺伝子でわかる
ココロの不思議

遺伝子でわかる
カラダの不思議

遺伝子と
人生のこと

遺伝子と
病気のこと

遺伝子でわかる
食の不思議

遺伝子でわかる
生命の不思議

ただ、現時点では、ゲノムから完璧な似顔絵を作るのは程遠いようです。顔の形態を決める遺伝子の個人差は1万カ所以上あるとも推定されており、どこの遺伝子がどれくらい影響を与えているのか未知数だからです。もちろん、最近の遺伝子研究はスピードアップしており、同時にディープラーニングのような人工知能を組み合わせれば、ゲノムから精度の高い似顔絵を描ける時代がやってくる可能性はあります。

遺伝子で顔はどこまで再現できる？

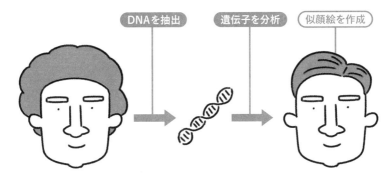

DNAを抽出　遺伝子を分析　似顔絵を作成

顔に関係する遺伝子の研究が進み、
徹底的に調べれば似顔絵は描けるかもしれない。
しかし、髪型やメイク、ヒゲの有無まではわからない。

\ お役立ちMEMO /

ゲノムベースの似顔絵はあくまで"すっぴん"です。メイクで顔の印象は大きく変わりますし、ましてや整形手術によって顔立ちを変えることはさほど難しくはありません。犯罪捜査では、やはり目撃者による"そのときの顔"の似顔絵のほうが実用的だと思います。

遺伝子
解析サービスで
どこまでわかる？

自分の遺伝子を調べることは、そう難しくはありません。
でも、調べた結果に一喜一憂してはいけません。
どう受け止めればよいのでしょうか。

忍耐力からアトピーやがんのリスクまで調べられる

　自分の遺伝子を調べるなんてことは、10年くらい前では想像できなかった
と思います。調べるとしても、親子鑑定や刑事事件のDNA鑑定など、遠い世
界のことと思っていた人も多かったことでしょう。

　ところが、最近ではネット通販で遺伝子解析キットが簡単に買えるようにな
りました。値段はさまざまですが、数種類の遺伝子を調べるだけなら数千円、
数十万カ所の遺伝子の個人差を調べていろいろな体質まで判定してくれる
タイプは2万円前後のものがあります。買ったことのない人にはどういったも
のか想像しにくいと思うので、ここでは簡単な手順や結果などを解説します。
ちなみに筆者は10社近くのサービスを利用したことがあります。

　キットの中には、綿棒で頬の内側をこするものと、唾液を容器に入れるも
のとがあります。頬の内側の細胞や、唾液に含まれる細胞からDNAを抽出
して遺伝子を調べる、というわけです。調べる項目は、持久力、BMI、忍耐力、
アトピーやがんのリスクなどさまざまです。例えば持久力については、これか
ら何か運動をしたいと考えているとき、ランニングのような持久力が必要なも

のか、ベンチプレス挙げのように瞬間的な筋力を必要とするものか、選ぶと
きの参考になるかもしれません。ただ、遺伝子1つだけで決まるものではな
いので、参考程度にとどめてください。運動習慣は長続きするかどうかが最
大のポイントなので、最終的には遺伝子解析サービスのアドバイスではなく
自分の好みで決めることです。

　また、病気のリスクについては、あくまで「なりやすいかどうか」です。必ず
病気になるかを判定するものではなく、もちろん今、病気になっているかを診
断するものでもありません。リスクが高い病気については予防習慣を身につ
けることで、ある程度はリスクを下げることができると考えられています。そ
のための"きっかけ"程度には活用できると思います。

遺伝子解析サービスでわかること

<解析例>

疾患名	リスク	結果		
2型糖尿病	0.72倍	低い	平均的	高い
冠動脈疾患	1.18倍	低い	平均的	高い
食物アレルギー	1.56倍	低い	平均的	高い
項目名	結果			
汗のかきやすさ	汗をかきやすい	一般的	汗をかきにくい	
協調性	低め	やや低め	一般的	

大まかな疾患リスクや体質、性格の傾向を調べる。
遺伝子だけですべては決まらないが、予防を考えるときの参考程度にはなる。

＼ お役立ちMEMO ／

遺伝子解析サービスでは、遺伝性疾患のように「この遺伝子1つで病
気になる」というものは扱っていません。病気に直結するものは「診断」
となり、診断は医師だけができると医師法で定められているからです。
遺伝子の病気かどうかの検査は、専門の病院で受ける必要があります。

人の機能は遺伝子で
どこまで決まる？

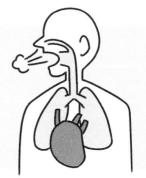

自分の意思で生きていると思っていても、
実は、ほとんどは遺伝子によって支えられています。
しかも、生まれる前から。

受精の瞬間から遺伝子が関わっている

　ヒトの遺伝子は約2万種類ありますが、どこまで私たちに影響を与えているのでしょうか。結論から書くと、「生まれる前からかなり多くの遺伝子が機能している」となります。これは別に、「遺伝子によって運命が決められている」というわけではありません。遺伝子が機能しているからこそ、無事に生まれてきて、今日まで生きているという意味です。

　例えば、受精卵が細胞分裂して最初にできる臓器は心臓です。血液を介して酸素や栄養を全身に送る必要があるためです。心臓ができるには、NKX2.5遺伝子、GATA4遺伝子、TBX5遺伝子など、多くの遺伝子が必要です。これより前の段階で、受精卵が2つの細胞に分裂するためには、DNAをコピーする必要があります。DNAをコピーするのはDNA合成酵素というタンパク質ですが、これも遺伝子から作られます。もっと前の段階で、受精する瞬間から遺伝子は関わっています。精子の先端には、卵子を認識するためのタンパク質IZUMO1があり、これも遺伝子から作られます（IZUMOは、縁結びのご利益で知られる出雲大社から命名されました）。次項で紹介しま

すが、生きている間も遺伝子（正確には、遺伝子から作られるタンパク質）が
ずっと機能しています。

　つまり、生まれる前から死ぬまで、遺伝子がずっと機能しているわけです。
人が死んでもしばらくはヒゲや髪の毛が伸びるので、死んだ後も遺伝子は
機能しているとも言えます。また、正しい場所で特定の遺伝子が正しく機能
する必要があります。心臓を作る遺伝子が脳で機能してはいけません。約2
万種類の遺伝子が、必要なときに正しく機能するという絶妙なバランスのも
とに私たちのカラダはできあがり、そして、この本を読んでいるこの瞬間も
維持できているのです。

受精の段階から遺伝子が関わっている

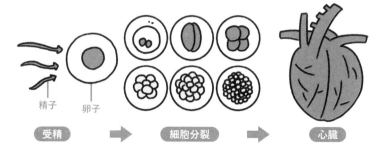

精子　　卵子

受精　　➡　　細胞分裂　　➡　　心臓

遺伝子や、遺伝子から作られるタンパク質は
生まれる前からカラダを作るために機能している。

＼ お役立ちMEMO ／

本文では「正しい場所で特定の遺伝子が正しく機能する」と書きまし
たが、すべての細胞は同じ遺伝情報（ゲノム）をもっています。不要な
遺伝子は削除されるのではなく、スイッチがオンにならないようにうま
く制御されています。

遺伝子でわかる　ココロの不思議

遺伝子でわかる　カラダの不思議

遺伝子と　人生のこと

遺伝子と　病気のこと

遺伝子でわかる　食の不思議

遺伝子でわかる　生命の不思議

手足を動かせたり、
文字を読めるのは
なぜ？

無意識に腕を動かしたり、
本を読んだりできるのも
遺伝子が正しく機能しているおかげです。

タンパク質を作る遺伝子が腕を動かし、目にモノを見せる

　前項では、生まれる前から遺伝子が機能していることを紹介しました。生まれた後では、どのようなところで遺伝子が機能しているのでしょうか。

　例えば、手足を動かすにも、数え切れないほどのタンパク質、もとをたどればタンパク質を作る遺伝子が必要です。腕を内側に曲げるとき、内側にある筋肉が縮んでいます。「筋肉の収縮」という現象には、アクチンとミオシンという2種類のタンパク質が主に関わっています。アクチンもミオシンも繊維状の構造を作りますが、この2つが交互に重なっています。ミオシンがアクチンを内側に引っ張り込むことで、筋線維全体の長さが短くなる、つまり筋肉が収縮します。手足を動かせるのは、アクチンやミオシンを作る、それぞれの遺伝子があるおかげです。

　目でモノを見るときにも、多くの遺伝子が関わっています。オプシンというタンパク質は、光を感じ取る役目を担っています。オプシンと、ビタミンAから作られるレチナールという物質が合わさって、ロドプシンという名前で網膜の細胞表面に存在します。ロドプシンに光が当たると、視神経にその情報

遺伝子でわかる
ココロの不思議

遺伝子でわかる
カラダの不思議

遺伝子と
人生のこと

遺伝子と
病気のこと

遺伝子でわかる
食の不思議

遺伝子でわかる
生命の不思議

が伝わります。網膜にある1億以上の細胞からの光の情報を脳内で処理し、ようやく私たちは「見る」ということができます。もちろん視神経や脳にも多くのタンパク質がありますが、「見る」の始まりとなるのがロドプシンです。

手足が動く／文字が読める

【手足を動かせるしくみ】

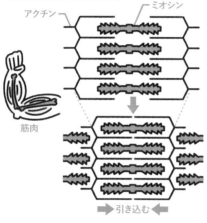

ミオシンがアクチンを引き込むと、
全体の長さが短くなり、
筋肉が収縮する。

【目でモノが見えるしくみ】

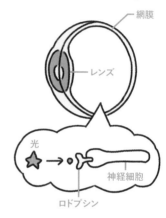

網膜にある
神経細胞の表面にある
ロドプシンが光を受け取る。

遺伝子 Q&A

 目は色をどう判断しているの？

 視細胞は、青、緑、赤の光のどれを受け取るかによって3種類に分けられます（1つの細胞で1種類だけの光を受け取ることができ、2種類以上の光を同時に受け取ることはできません）。遺伝的に、どれかの光を受け取れず、色の違いがわかりにくくなるのが色盲（色覚異常、色覚特性、色覚多様性とも呼ばれる）です。

五感は遺伝子に組み込まれている?

いい匂いを感じ取ったり、
ケガをして痛いと感じたりすることも、
遺伝子が正しく機能している証拠です。

遺伝子が正しく機能しないと命の危険に晒されるリスクも

　前項ではモノを見ること、視覚にも遺伝子が関わっていることを紹介しました。では、他の感覚はどうでしょうか。もちろん、それぞれの感覚を作るタンパク質があり、それを作る遺伝子があります。

　食べ物の匂いや花の匂い、シャンプーの香りなど、私たちの身の回りは多くの匂いであふれています。この匂いを感じ取るのも、遺伝子が作るタンパク質です。鼻の奥にある神経細胞では、「嗅覚受容体」というタンパク質があります。嗅覚受容体に匂い成分がくっつくと、その情報が神経に伝わり、脳の中で処理されて匂いを感じることができます。嗅覚受容体を作る遺伝子は、ヒトでは396個あると推定されています。1つの神経細胞には嗅覚受容体が1つだけあります。そして、1つの匂い成分は複数の嗅覚受容体にくっつくことができます。どの嗅覚受容体にくっついたか、その組み合わせで匂いを嗅ぎ分けています。なお、昆虫の嗅覚受容体は触覚にあるので、触覚で匂いを嗅いでいることになります。

　他の感覚にも遺伝子が関わっています。モノに触ったときに「触った」と

感じたり、ケガをしたときに「痛い」と感じたりします。特に痛みは、「命が危ない」というシグナルでもあります。実は、FAAHという遺伝子が正しく機能しないと、痛みを感じることができないことがわかっています。生まれつきFAAH遺伝子が正しく機能しない人がいて、その人は切り傷や火傷をしても痛みを感じないようです。味覚、聴覚も、同じように遺伝子が関わっています。ちなみに、五感のうち、視覚、聴覚、嗅覚、触覚の受容体に関係ある研究成果はノーベル賞をとっています。

遺伝子が作るタンパク質（嗅覚受容体）で匂いを感じ取る

【匂いを感じるしくみ】

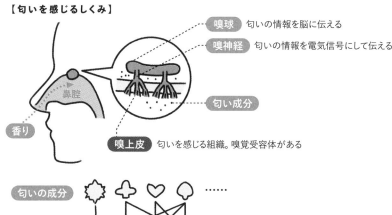

嗅球　匂いの情報を脳に伝える

嗅神経　匂いの情報を電気信号にして伝える

鼻腔

匂い成分

香り

嗅上皮　匂いを感じる組織。嗅覚受容体がある

匂いの成分

嗅覚受容体　……嗅覚受容体は396個ある

1つの匂い成分は複数の嗅覚受容体とくっつくことができ、
組み合わせで匂いを感じる。

\ お役立ちMEMO /

痛みを感じないことはいいことのように思えますが、切り傷で大量出血すれば命に関わります。その合図である痛みを感じることができないのは、生きていくうえでリスクが高いと言えます。

遺伝子でわかる
ココロの不思議

遺伝子でわかる
カラダの不思議

遺伝子と
人生のこと

遺伝子と
病気のこと

遺伝子でわかる
食の不思議

遺伝子でわかる
生命の不思議

運動神経は
遺伝する？

スポーツ一家という言葉があるように
スポーツが得意な家系があるようです。
運動能力は遺伝するのでしょうか。

遺伝すると言えるが、環境や好き嫌いも影響する

　日常会話の中で、よく「運動神経がいい」「運動神経が悪い」と言います。身体能力やスポーツ時の反応のよさのことを運動神経と呼んでいるようです。厳密には「運動神経」という学術用語はないのですが、本書は遺伝子に注目しているので、運動神経も遺伝子やタンパク質、細胞の視点で見ていきます。

　運動神経とは、脳から筋肉に情報を伝える神経と、神経からの情報を受け取って筋肉（筋細胞）を適切に動かすことの2つから構成されていると考えることができます。

　神経細胞には、別の神経細胞から分泌された神経伝達物質を受け取るポケットのようなものがあります。これを受容体といいます。受容体はタンパク質なので、遺伝子から作られていることになります。そして筋肉は、アクチンとミオシンという2種類のタンパク質が引き込み合うことで縮みます（➡ P.74）。神経や筋肉は、スポーツをするときだけでなく、普段から歩いたり、食べる際に口を動かしたりするときにも使います。これらは生きていくうえで必要な機能です。そのため、「脳から筋肉に情報を伝える神経と、神経か

遺伝子でわかる
ココロの不思議

遺伝子でわかる
カラダの不思議

遺伝子と
人生のこと

遺伝子と
病気のこと

遺伝子でわかる
食の不思議

遺伝子でわかる
生命の不思議

らの情報を受け取って筋肉（筋細胞）を適切に動かすこと」からなる運動神経は遺伝子から作られる、つまり遺伝すると言えます。

　では、運動能力という意味で使われる運動神経はどうでしょうか。双子の研究から、多少の遺伝子の個人差はあるようですが、中学生の部活動レベルくらいまでは、練習量や好きかどうかの積極性のほうが影響すると考えられます。親がスポーツ選手だった場合、子どもの頃からスポーツに慣れ親しんでいたり、親の適切な指導があったりしてスポーツの成績が伸びやすいということも十分考えられます。

脳から筋肉に指示が出される

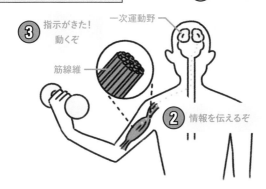

① 筋肉を動かすぞ

一次運動野

③ 指示がきた！動くぞ

筋線維

② 情報を伝えるぞ

脳で「筋肉を動かす」と考え、その情報が神経を介して
筋肉に伝わり、そして筋肉が動く。

遺伝子 Q&A

Q 文化的な才能も遺伝するの？

A 同じことは、音楽や絵画など文化的な活動にも当てはまると言えます。少なくとも子どもの頃は、遺伝的な才能があるかどうかよりも、好きかどうか、環境が整っているかどうかのほうが、能力が伸びる大きな要因になります。

アスリート特有の
遺伝子がある？

スポーツの世界大会で活躍するような選手は
体つきが同じ人間とは思えないほど違います。
遺伝子の影響はないのでしょうか。

"金メダル遺伝子"はないが、影響が全くないとも言えない

　前項では、いわゆる運動神経のよさや運動音痴は、「遺伝子の影響を多少受けるかもしれないけれども、中学生の部活動レベルくらいまでなら努力や練習量のほうがはるかに大事」という話をしました。しかし、オリンピックや世界大会レベルになると、少し話が違うようです。

　筋肉には、短距離走向けと長距離走向けがあります。このうち、短距離走向けの筋肉だけにある「αアクチニン3」というタンパク質が鍵を握っています。αアクチニン3タンパク質は、筋肉の収縮に関わるアクチンタンパク質をつなぎ止める役割があります。αアクチニン3遺伝子には個人差があり、rs1815739という場所が「CC」または「CT」になっていると、完全なαアクチニン3タンパク質が作られます。しかし、「TT」だと、完全なαアクチニン3タンパク質を作ることができません。世界大会レベルに出場する陸上選手を調べると、短距離ランナーのほとんどは「CC」または「CT」をもっていることがわかりました。日本人でも同じ傾向があり、「CC」または「CT」をもっている選手は、「TT」である選手よりも100メートル走が平均で0.22秒速く走

ることができるとのことです。

　また、血管の収縮に関わるACE遺伝子の個人差が、短距離の水泳（400メートル以下）のタイムに関係しているという研究成果もあります。ただ、水泳になると、今度はαアクチニン3遺伝子の個人差は関係ないという結論が同じ研究から導かれました。少なくとも「この遺伝子1つがあれば金メダルがとれる」という金メダル遺伝子のようなものはなさそうです。しかし、複数の遺伝子の組み合わせによって世界トップレベルの選手になれるかどうかが大きく影響していることは、認めざるを得ないと言えます。

短距離走向けの筋肉にある遺伝子

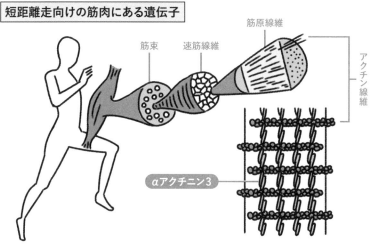

筋原線維
筋束
速筋線維
アクチン線維
αアクチニン3

陸上競技で世界大会に出場するためには
完全なαアクチニン3タンパク質を作る遺伝子を
もっていないといけないかもしれない。

＼ お役立ちMEMO ／

もちろん、有利な遺伝子があればいいというものではありません。アフリカには屋内プールがほとんどないことから水泳選手が少ないように、練習環境もスポーツ選手に大きな影響を与えます。

カラダ

「体内時計」は遺伝子によるもの？

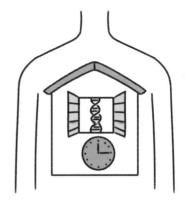

朝になると自然に目が覚め、
夜になると眠くなる……。
体内時計と遺伝子の関係はどうなっているのでしょうか。

体内時計に関わる時計遺伝子は約20個ある

　ヒトは朝になると自然に目が覚め、夜になると眠くなります。これは昔から「体内時計」と言われているものの影響です。脳を基準にカラダの中に24時間周期の時計システムがあり、その時刻に合わせて目が覚めたり眠くなったりするというわけです。時計のない暗い部屋でずっと暮らすという実験を行っても、大体24時間の（正確には24時間より少しだけ長い）生活リズムを作ります。このことから、体内時計は自動で動いていることになります。「朝日を浴びると目がしっかり覚める」という感覚がある人は多いと思いますが、体内時計は光によってリセットできると考えれば納得できます。「起きて光を浴びる」ことが、体内時計にとっては24時間のスタートなのです。

　こうしたことは、はるか昔からわかっていたことですが、遺伝子の研究が進んだ20世紀になると、体内時計にも遺伝子が関わっていることがわかってきました。最初のきっかけになったのが、ショウジョウバエという昆虫の研究です。ショウジョウバエは、午前中にサナギから成虫に脱皮すること、24時間周期で飛び回る・休む（寝る）をくり返すことから、体内時計と遺伝子

の関係を調べるための実験材料として採用されました。そして、たった1つの遺伝子の機能がおかしくなるだけで、24時間周期が短くなったり長くなったり、周期自体がなくなることがわかりました。その遺伝子は英語でperiod（「周期」という意味）と名付けられました。

　人間の場合、体内時計に関わる遺伝子、いわば時計遺伝子は約20個あるとされています。遺伝子からタンパク質を作るスイッチがオンになる、オフになる、のリズムを24時間くり返しています。このリズムが、自然と朝に目が覚めたり、夜に眠くなったりするというカラダの変化を起こしているのです。

体内時計の本体は脳にある

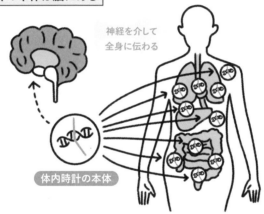

脳にある体内時計の時刻が神経などを介して全身に伝わり、
さまざまな臓器で24時間のリズムを刻む。

＼ お役立ちMEMO ／

体内時計や時計遺伝子は、地球上の多くの生物がもっています。シアノバクテリアという、光合成を行う単細胞生物ですらもっています。その生物の時計遺伝子はkaiA、kaiB、kaiCという3種類です。時計の針が回転するように回（kai）という名前が付けられています。

眠らないと
生きられないのは
なぜ？

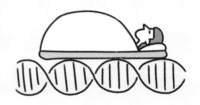

どんな人間も必ず眠ります。
なぜ眠らないといけないのでしょうか。
寝ることと遺伝子の関係は？

寝ることの重要性はいまだ謎に包まれたまま

「寝る間も惜しい」という言葉があります。人間は24時間のうち8時間程度は寝ていて、その間は何もできない状態です。この時間を遊びや仕事に使えたら……と誰もが思うことでしょう。でも、夜になるとどうしても眠たくなってしまいます。また、寝不足や徹夜明けの日は体調が悪くなります。なぜ、寝ることが必要なのでしょうか。

実は、その理由はあまりわかっていません。脳を休ませるためという説もあれば、睡眠中でも脳の神経細胞の活動はほとんど変わっていない分析結果もあり、「寝る」という行為が何のためにあるのかという根本的な理由は不明のままです。しかし、「寝る」という行為が必要なのは事実です。脳がないクラゲすら、寝ているかのように動きが鈍る時間帯があるほどです。

ところが、遺伝子に注目した研究によって、少しずつ睡眠の秘密に迫りつつあります。例えば、脳内の神経伝達物質である「オレキシン」を作ることができないように遺伝子を書き換えたマウス（ネズミの一種）では、運動をしているときに急に眠りに落ちるようになります。これは、人間の「ナルコレプ

シー」という睡眠障害にとてもよく似ています。ナルコレプシーは、昼間でも急に眠気が襲ってくる病気のことです。ナルコレプシーの根本的な治療法はまだありませんが、オレキシンの研究成果が活用された不眠症治療薬がすでにできているなど、睡眠の研究は確実に進んでいます。

　また、夜に寝る時間が遅くなったり、活動的になったりする、いわば夜型人間かどうかも、遺伝子の個人差が関わっていることもわかってきました。最近では、昼寝が多いかどうかにも関わる遺伝子が数十種類見つかっています。昼寝のしくみも、遺伝子から明らかにできるかもしれません。

遺伝子操作と睡眠の関係

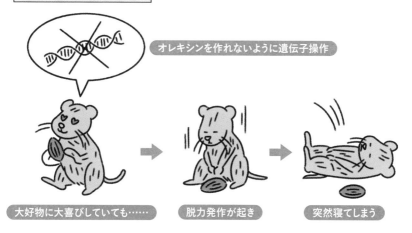

オレキシンを作れないように遺伝子操作

大好物に大喜びしていても……　→　脱力発作が起き　→　突然寝てしまう

\ お役立ちMEMO /

朝型か夜型かどうかに遺伝的な要因がある程度関わっているのなら、それもまた多様性とみなすことができます。夜型人間の人は、無理に朝型に変えるのではなく、生活や仕事に支障がない範囲内で自分なりのペースを作ってみてはいかがでしょうか。

遺伝子でわかる ココロの不思議

遺伝子でわかる カラダの不思議

遺伝子と 人生のこと

遺伝子と 病気のこと

遺伝子でわかる 食の不思議

遺伝子でわかる 生命の不思議

なぜカラダは
老化するの？

誰だって老化はしたくないけれど避けられない。
老化現象は完全に解明されていませんが、
遺伝子も関わっているようです。

細胞分裂の限界によって細胞に傷が増え、老化につながる

　生きていくうえで絶対に避けられないのが、歳をとって衰えていくことです。アンチエイジングという言葉があるように、衰えるスピードをなるべく遅くする方法はいくつかあるようですが、それでもカラダの機能は少しずつ低下します。古来から不老不死を夢見る為政者が多くいましたが、21世紀になってもいまだに実現していません。老化は、生物にとって避けられない運命の1つのようです。

　老化の原因やしくみはすべて解明されているわけではないのですが、活性酸素が鍵を握っているという説があります。体内に取り込んだ酸素の数％が活性酸素になると考えられており、細胞を傷つけて老化や生活習慣病、がんなどを引き起こす原因の1つとされています。ただ、活性酸素は白血球で作られて免疫機能や感染防御、さらには細胞同士の情報のやりとりにも使われているため、体内から活性酸素を完全に除去すればよいというわけでもないようです。

　もう1つ、遺伝子やDNAレベルで見ると、細胞分裂できる回数には限界が

第2部　気になるあの謎を遺伝子で解く

遺伝子でわかる
ココロの不思議

遺伝子でわかる
カラダの不思議

遺伝子と
人生のこと

遺伝子と
病気のこと

遺伝子でわかる
食の不思議

遺伝子でわかる
生命の不思議

あると考えられています。DNAの両端には「テロメア」という場所があります。テロメアは、細胞分裂するごとに短くなり、テロメアがなくなると細胞分裂はできなくなります。新しい細胞が作られず、活性酸素によって古い細胞は傷つく一方となり、老化が加速するとも考えられます。ちなみに、がん細胞は、この問題をうまくクリアしており、短くなったテロメアを長くするタンパク質「テロメアーゼ」を活性化することができます。すると、細胞は何回でも分裂できるようになります。それが、がん細胞として無限に増殖できる性質を特徴づける理由の1つと考えられています。

細胞分裂とDNAの関係

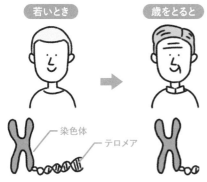

若いとき　歳をとると

細胞分裂をくり返すとテロメアが短くなり、細胞が分裂できなくなる。その結果古い細胞が溜まる。

長くなれ〜〜〜

がん細胞

がん細胞はテロメアを長くする能力があるので無限に分裂・増殖できる。

染色体　テロメア

＼ お役立ちMEMO ／

21世紀になってからは、若いマウスの血液を年老いたマウスに輸血すると軟骨や筋肉などが「若返る」という研究成果が相次いでいます。血液中に含まれる「若返り成分」を特定できれば、不老不死とまではいかないものの、老化を遅らせることなら実現できるかもしれません。

体内にある
別の生物の
別の遺伝子とは？

自分のカラダは自分だけのもの、と思っていませんか？
実は体内には、別の遺伝子をもった生命体がうじゃうじゃいます。
しかも、私たちは彼らなしには生きられないとか……。

腸内細菌はカラダにいい影響をたくさん与えてくれる

　私たちのカラダは自分だけのものと思っているかもしれません。しかし実際には、他の生物が大量にすみ着いています。それが、腸内細菌です。人間の腸にいる腸内細菌は、100兆個から数百兆個と推定されています。人間がもつ細胞の数は約37兆個なので、数倍から数十倍もの数の細菌が腸にいることになります。重量にすると、約1キログラムにもなります。体重計に乗ることがあれば、体重計の数値から1キログラムを引いたものが本来の体重だと思ってください。

　腸内細菌は、私たちが食べたものを消化して生きています。こう書くと、まるで寄生しているかのように思われるかもしれません。ところが、私たちにメリットをもたらしていることが最近になってわかってきました。特に、食物繊維は、人間は分解できませんが、腸内細菌は分解できます。その産物としてできる「短鎖脂肪酸」という物質が腸の環境を整え、便秘を解消したり腸管のバリア機能を高めたりする作用があります。

　腸内細菌というと、善玉菌や悪玉菌のように、善悪に分けられることが多

くあります。ところが最近の研究では、善玉菌だけいればいい、悪玉菌を一掃すればいいというわけではなく、多様性が大事という見方が強まっています。多種多様な菌がいることで、さまざまな感染症や病気から身を守ることができるからです。

　腸内細菌は、肥満、食品アレルギー、ぜんそく、メンタルヘルスと関係しているという研究成果もあります。まだ全容が解明されているわけではありませんが、腸内細菌に注目した病気の治療や予防ができる未来はそう遠くはないかもしれません。

遺伝子でわかる
ココロの不思議

遺伝子でわかる
カラダの不思議

遺伝子と
人生のこと

遺伝子と
病気のこと

遺伝子でわかる
食の不思議

遺伝子でわかる
生命の不思議

腸内細菌が与える影響

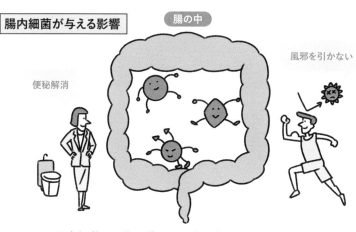

腸内細菌は、善玉菌も悪玉菌も含めて多様性があると
人間にもいろいろなメリットがある。

便を移植する治療法がある

クロストリジウム・ディフィシルという細菌が増え過ぎて腸で炎症が起きる「クロストリジウム・ディフィシル感染症」に対して、健康な人の腸内細菌が含まれる便を移植する「便移植」という治療法があります。日本でも臨床研究が行われています。

遺伝子と

P92
娘は父親似、息子は母親似という説、本当？

P94
親子に「血のつながり」は実はない？

P100
高齢出産のリスクってどんなもの？

P102
天才は遺伝子レベルで決まっている？

P108
近親婚はなぜダメなの？

P110
生まれてくる子どもの遺伝子操作はできる？

P116
多様性が大切なのはなぜ？

P118
虐待を繰り返すのは遺伝のせい？

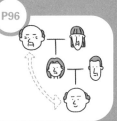

人生のこと

娘は父親似、
息子は母親似
という説、本当？

女の子だけど顔立ちが父親に似ている、
男の子だけど目元が母親にそっくり。
遺伝子の観点から根拠はあるのでしょうか。

顔立ちを決める遺伝子はたくさんあるので一概には言えない

　まず、性別を決めている遺伝子の話からします。性別を決める遺伝子は、「性染色体」というところにあります。染色体は、簡単に言えば大量の遺伝子を1パックにしたもので、人間には46パックあります。糸のような見た目をしているため46本と書きます。そして父親と母親から受け継ぐので、セットであることを強調して「23組46本」と表現することが多くあります。

　性染色体とは、文字通り性を決める染色体で、XとYの2種類があります。XXの組み合わせだと女性に、XYの組み合わせだと男性になります。66ページで紹介したSRY遺伝子は、Y染色体というパッケージの中にあります。

　ここで注目すべきは、男性のXYのうち、Yは父親からもらうので、もう片方のXは必ず母親からもらうことになります。逆に、XXである女性は、父親からYをもらうわけにはいかないので、父親のXを必ずもらうことになります。つまり、息子のX染色体は母親ゆずり、娘のX染色体の片方は父親ゆずり、ということになります。実際、X染色体にある遺伝子が原因の病気はいくつかあり、この病気に限れば性別と遺伝が密接に関係します。

ところが、顔立ちに関係する遺伝子は、性染色体以外の染色体にも多くあると考えられています。例えば、68ページで紹介した、鼻の高さに関係するPAX3遺伝子は2番染色体という場所にあります。性染色体にも、顔立ちに関係する遺伝子はあるかもしれませんが、全体からすればごくわずかです（ざっくり23分の1の影響力しかありません）。性染色体以外は、父親と母親から半分ずつもらいます。

結論としては、「娘は父親似、息子は母親似」という説に、遺伝子としての根拠はありません。

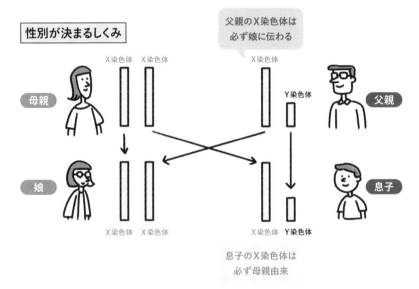

性別が決まるしくみ

父親のX染色体は必ず娘に伝わる

母親　X染色体　X染色体

父親　X染色体　Y染色体

娘　X染色体　X染色体

息子　X染色体　Y染色体

息子のX染色体は必ず母親由来

\ お役立ちMEMO /

「娘は父親似、息子は母親似」という説がある理由として、「娘なら同性の母親に似て当然、息子なら同性の父親に似て当然」という当たり前（そしておそらく事実）があると考えられます。顔の一部だけ、たまたま異性の親に似ていると、「異性なのに似ている」という意外性が話題にのぼりやすいのかもしれません。

親子に「血のつながり」は実はない？

親子を表現するときに
「血がつながっている」と言うときがあります。
では、「血のつながり」とは何でしょうか。

両親のカラダに流れる血液をそのまま受け継ぐわけではない

　「血のつながった親子」や「血のつながったきょうだい」というように、家族であることを表現するときに「血のつながり」という言葉がよく使われます。ここでいう「血」とは一体何でしょうか。

　血、つまり血液と言えば「赤い液体」をイメージします。この色は、酸素を運ぶ赤血球という細胞の色です。血液には他に、外から侵入してきた細菌やウイルスを攻撃する白血球や、出血したあと血が固まるときに関わる血小板などがあります。ABO式の血液型は赤血球の表面にある抗原という物質の種類を指しますが、これは遺伝子によって決まります。48ページで紹介したHLA遺伝子は、白血球の表面にあるタンパク質を作ります（そのため「白血球の血液型」と呼ばれることもあります）。たしかにこれらは遺伝子によって決まるので、両親から受け継いだという意味では「つながっている」と言えるかもしれません。

　しかし、だからといって、血液が家族の絆や性格に強い影響を受けているかというと、そうではありません。血液型占いは日本では人気ですが、諸

第２部　気になるあの謎を遺伝子で解く

遺伝子でわかる
ココロの不思議

遺伝子でわかる
カラダの不思議

遺伝子と
人生のこと

遺伝子と
病気のこと

遺伝子でわかる
食の不思議

遺伝子でわかる
生命の不思議

外国ではそのような文化はありません。もし、血液型と性格に関係があれば、国籍を問わず当てはまり、海外でも活用されているはずです。血液型と性格は、遺伝子の観点では無関係ということになります（日本の場合、古くからメディアで血液型占いがずっと言われ続けているので、血液型と性格の関係は思い込みや文化的な要素による影響が強いと考えられます）。性格には遺伝子が一部関わっていることが多くの研究から示されていますが、46ページで紹介したように神経伝達物質に関係するものが多く見られます。そのため「血のつながり」というよりは、「遺伝子（ゲノム）のつながり」と表現するほうが、より正しいと言えます。

血液型別の抗原

	A型	B型	AB型	O型
赤血球型				
（赤血球）抗原	A抗原	B抗原	A・B抗原	抗原なし

ABO式血液型は、赤血球の表面にある抗原の種類を示したもの。
どの抗原を作るかは遺伝子によって決まっている。

\ お役立ちMEMO /

親子は遺伝的なつながりがすべてではありません。養子縁組や精子提供などがあるように、一緒に過ごし、親子で互いに成長していく関係こそが家族です。遺伝的なつながりよりも、心がつながっているかどうかがはるかに重要です。

隔世遺伝の
しくみとは？

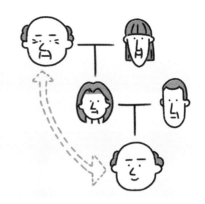

母方の祖父が薄毛だと、父親が薄毛でなくても
自分は薄毛になると言われたことはありませんか？
隔世遺伝は本当にあるのでしょうか。

受け継ぐ染色体と性別の組み合わせ次第で隔世遺伝も起こる

　隔世遺伝とは、ある特徴が子どもには現れず、孫に現れることをいいます。1世代隔てて孫に特徴が出てくることが言葉の由来のようです。隔世遺伝は、遺伝のしくみを理解すると、あり得る現象であることがわかります。

　男性型脱毛症（AGA）に関係する遺伝子の個人差に、男性ホルモン受容体（AR）遺伝子があります。この遺伝子はX染色体にあります。まず、ある男性のX染色体に、AGAになりやすいAR遺伝子の個人差があるとします。92ページで紹介したように、男性のX染色体は娘にしか伝わりません。相手の女性のX染色体は、AGAになりにくい個人差だとすると、娘はAGAになりにくくなります。そして、娘の子ども（男の子）が生まれるとき、もしAGAになりやすいAR遺伝子の個人差をもつX染色体が息子に伝わると、AGAになりやすくなります。AR遺伝子の個人差のみに注目すれば、隔世遺伝したことになります。

　もっと身近な隔世遺伝の例があります。ABO式血液型です。例えば、祖母がO型、祖父がA型で、O型はOO、A型はAAとします。その子どもはAO

となり、この組み合わせはA型になります。そこで、B型でBOの組み合わせの人との間に子どもができると、組み合わせによってはOOとなり、O型となります。祖母と孫がO型で、その間の子どもがA型であれば、隔世遺伝したとみなすことができるのです。

隔世遺伝のしくみ

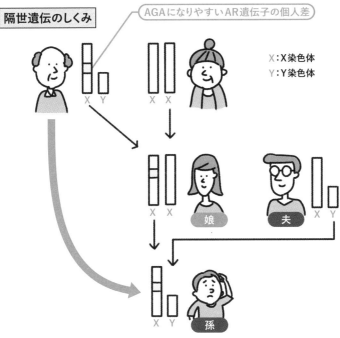

AGAになりやすいAR遺伝子の個人差

X：X染色体
Y：Y染色体

娘　夫

孫

子どもには出ていない特徴が孫に出てくるのが隔世遺伝。

＼ お役立ちMEMO ／

現実には、AR遺伝子の個人差がAGAに関係するという研究成果もあれば、関係ないという成果もあり、明確な結論は出ていません。また、他の遺伝子の個人差も薄毛に関係しているとされています。もちろんストレスなどの外的要因によっても薄毛になるので、薄毛という現象が必ず隔世遺伝するわけではないことに注意してください。

遺伝子でわかる　ココロの不思議

遺伝子でわかる　カラダの不思議

遺伝子と　人生のこと

遺伝子と　病気のこと

遺伝子でわかる　食の不思議

遺伝子でわかる　生命の不思議

一卵性双生児、
二卵性双生児の
違いは？

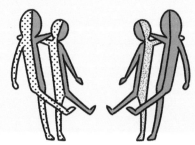

ひと口に双子と言っても
一卵性双生児と二卵性双生児があります。
どのような違いがあるのでしょうか。

受精卵が1つか、あるいは2つか、の違い

　一卵性双生児と二卵性双生児の違いは、1つの受精卵に由来するか、別々の2つの受精卵に由来するかです。

　一卵性双生児とは、1個の受精卵が2つに細胞分裂したときに、2つの細胞がくっついた状態から完全に離れて、それぞれの細胞が分裂をくり返して赤ちゃんになるものです。2つに分かれたからといって、大きさが半分になるわけではなく、普通の赤ちゃんとほぼ同じ大きさに成長します。1つの受精卵から生まれるので、すべての遺伝子、つまりゲノムは完全に同じになります。そのため、顔がとてもよく似ています。もちろん、性別は同じです。ゲノムが同じという意味では、クローンそのものです。

　二卵性双生児は、子宮の中にたまたま卵子が2つあるときに、それぞれ別の精子が受精したものから生まれた双子です。卵子に含まれる遺伝子の組み合わせは違うもので、精子も同じように違う遺伝子が含まれています。そのため、二卵性双生児のゲノムは異なるものになります。同じ日に生まれたきょうだいのようなものです。きょうだいで性別が違うように、二卵性双生児

は性別が同じとは限りません。また、一卵性双生児ほど顔も似ていません。

　一卵性双生児と二卵性双生児は、しばしば遺伝子の研究で調べられます。一卵性双生児はゲノムが同じなので、もし双子の片方だけ病気になったら、その病気は環境からの影響を受けたと考えることができます。また、一卵性双生児と二卵性双生児を比べたとき、一卵性双生児のほうが似ている項目があれば、それは遺伝子の影響を受けていると推定できます。顔立ちは、遺伝子の影響を受けている典型例です。比較する項目は、病気や見た目だけでなく、性格や知能、芸術分野の才能など多岐にわたり、さまざまな性質が研究されています。

一卵性、二卵性の違い

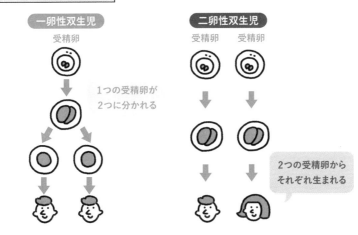

遺伝子でわかる
ココロの不思議

遺伝子でわかる
カラダの不思議

遺伝子と
人生のこと

遺伝子と
病気のこと

遺伝子でわかる
食の不思議

遺伝子でわかる
生命の不思議

\ お役立ちMEMO /

大学などの研究機関では、遺伝子研究のために協力してくれる双子を募集しているところがあります。一卵性双生児または二卵性双生児の方で、遺伝子研究に興味のある方は、近くの大学などに問い合わせてみてはいかがでしょうか。

人生

高齢出産のリスクって
どんなもの？

高齢出産はリスクが高いとよく言われます。
具体的にどのようなリスクがあるのでしょうか。
遺伝子から見たリスクとは？

リスクは女性に限らず、男性の問題でもある

　日本では全体的に結婚年齢が上がり、出産する年齢も上がっています。年齢を重ねるほど、さまざまな病気になりやすく、母体にも子どもにもさまざまな影響が出ます。リスクが上がる年齢の基準は35歳とされています。日本産婦人科学会も、35歳以上で初めて妊娠・出産することを高年初産と定義しているので、35歳以上で出産することを高齢出産と言ってよいでしょう。

　高齢出産の主なリスクには、妊娠中の合併症があります。妊娠の中期から血圧が上がる妊娠高血圧症候群、妊娠してから食後血糖値が上がる妊娠糖尿病などが代表例です。妊娠高血圧症候群の発症率は、35歳未満では3.5％程度ですが、35〜39歳では5.5％、40歳以上では7％を超えます。妊娠高血圧症候群は、最悪の場合には脳出血や死亡につながります。また、妊娠糖尿病の発症率も、35歳以上では20〜24歳の8倍、30〜34歳の2倍になるとされています。妊娠糖尿病は難産や新生児の低血糖などを引き起こすことがわかっています。

　35歳以上になると、妊娠しにくくなったり、妊娠しても初期に流産してし

まったりすることが増えます。加齢による卵巣や子宮の機能低下だけでなく、染色体の本数の違いが大きな理由に挙げられます。卵子には本来、染色体が23本あります。ところが、染色体がうまく分配できず、24本あったり22本しかなかったりする卵子ができることがあります。この状態で精子と受精しても、残念なことにほとんどが流産します。いわゆる「卵子の老化」と呼ばれているものです。染色の本数の過不足は、20歳では約500分の1ですが、40歳になると66分の1まで上がります。

　高齢出産は、女性だけの問題ではありません。精子も、年齢が上がるほどDNAの文字の変化が起こりやすくなる「精子の老化」がわかっています。遺伝子だけですべてが説明できると言い切れる段階ではありませんが、高齢出産にはこのようなリスクがあることを知っておく必要はあると思います。

卵子の老化

正常な卵子　　染色体:23本

正常でない卵子　　染色体:22本　　染色体:24本
加齢などによって染色体分配がうまくできなくなる

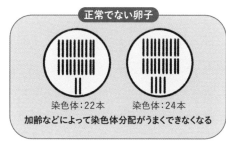

精子の老化

ATCGTGCATGATATCACGCCATAGTATACAT
↓ 1文字変わってしまう（コピーミス）
ATCGTGCATGATATCTCGCCATAGTATACAT

＼ お役立ちMEMO ／

将来の体外受精のための卵子凍結はもともと、がん患者が放射線治療によって卵子の遺伝子が傷つき、不妊になるのを防ぐために行われたものです。老化を防げる一方で、凍結卵子の妊娠率は低く、子どもへの影響もわかっていない点が多くあります。

天才は 遺伝子レベルで 決まっている?

頭のよさも遺伝子で決まっているのでしょうか。
決まっているとしたら
努力ではどうにもならないのでしょうか。

知能遺伝子はたしかに存在する

　小学生の頃、勉強ができる人もいれば苦手な人もいたと思います。頭がいい人のことを「天才」と呼んだこともあるでしょう。頭のよさを決める遺伝子、いわば「天才遺伝子」は存在するのでしょうか。

　世界では、双子を対象に、遺伝と環境それぞれの要因を調べながら、知能に関係する遺伝子を探ろうとする研究が行われています。これまでにわかっていることは、知能テストの成績（IQ）に関わる要因のうち、遺伝は半分以上を占めるということです。IQが高いからといって天才というわけではありませんが、少なくともIQに影響を与える「知能遺伝子」は存在します。

　ここで注意していただきたいのは、たった1個の知能遺伝子によってIQが30も違うというようなことはないだろうということです。もし、それくらい強い影響力をもつ遺伝子があれば、とっくに見つかっているはずです。ということは、わずかな影響力のある知能遺伝子が数多くあり、それぞれをかけ算して、遺伝による知能が決定すると考えられます。例えば、rs17278234という場所は、数学のテストと関係しているという研究成果がありますが、他

遺伝子でわかる
ココロの不思議

遺伝子でわかる
カラダの不思議

遺伝子と
人生のこと

遺伝子と
病気のこと

遺伝子でわかる
食の不思議

遺伝子でわかる
生命の不思議

の10カ所の個人差を含めてやっと成績全体の3％を説明できるかどうか、という程度です。

　遺伝子が知能に影響を与えるのは事実ですが、変えられないものを嘆くより、自分の力で変えられるものに注力する、つまり努力することのほうが前向きではないでしょうか。子どもの学力について遺伝子のせいにするのではなく、得意なところを伸ばしたり、不得意なところは参考書を読んだり解法のテクニックを得たりして、遺伝のことは気にしないと割り切ることも、ときには有益かもしれません。

天才遺伝子は存在する？

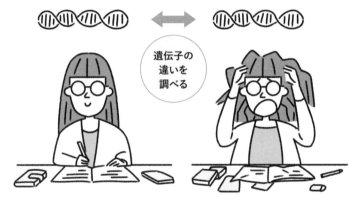

遺伝子の
違いを
調べる

学力に遺伝子の個人差が関わっているのはたしか。
しかし一つひとつの影響力は微々たるもの。遺伝子のことを考えるより、
自分がどれだけ成長できるかを考えたほうが有意義。

\ お役立ちMEMO /

IQについては、遺伝だけでなく家庭環境の影響もあるとされています。もし、ご家庭にお子さんがいるなら、勉強する環境を整えたり、勉強のモチベーションを上げるような声かけを意識したりすることも有効です。

女性の平均寿命が
長いのはなぜ？

女性の平均寿命の長さは、よくニュースになります。
なぜ、女性のほうが長生きなのでしょうか。
人間以外の生物の寿命も見てみましょう。

人間だけでなく、ほ乳類の多くでメスのほうが長生き

　日本では、厚生労働省が毎年平均寿命を発表しています。平均寿命というと、「今生きている人が何歳まで生きられるか」と想像するかもしれませんが、少し違います。2020年に発表された平均寿命の場合、「2020年に生まれた0歳の人が何歳まで生きられるか」を示した数字です。女性の場合、2020年に発表された平均寿命（0歳が何歳まで生きられるか）の平均は87.74歳ですが、80歳の女性があと何年生きられるかの平均値（平均余命）は12.28年です。

　平均寿命の話になると必ず話題になるのが、なぜ女性のほうが長いのか、ということです。2020年の日本人の平均寿命は、男性は81.64歳、女性は87.74歳と、6年くらいの差があります。これは日本だけの話ではなく、世界保健機関（WHO）による統計でも、各国で女性のほうが6〜8年寿命が長いとされています。

　女性のほうが長生きというのは、人間に限ったことではないようです。リス、イルカ、ゾウ、ライオンなど、101種類のほ乳類の寿命を調べると、基本的に

遺伝子でわかる
ココロの不思議

遺伝子でわかる
カラダの不思議

遺伝子と
人生のこと

遺伝子と
病気のこと

遺伝子でわかる
食の不思議

遺伝子の不思議
生命の不思議

はメスのほうが長生きすることがわかっています。イルカやライオンは、メスのほうがオスより2倍長生きします。意外にも、老化スピードはオスとメスとで差がなかったという研究成果があります。そのため、生息地域の環境や、オスとメスとの生存戦略の違いによるのではないかと考えられています。

　人間の場合は、女性は血圧を下げる作用のあるエストロゲンの分泌量が多いので、若いとき（閉経前の年代）の心臓や血管の病気の割合が男性より低いと考えられています。また、女性のほうが健康に気を遣う、病院に通うハードルが低いなども長生きの理由として挙げられています。

女性（メス）はみんな長生き

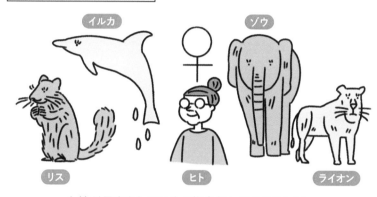

イルカ　ゾウ

リス　ヒト　ライオン

女性が長生きなのは生き物全般に言えることらしい。
自然界では、役割分担による生存率の差などが理由と考えられている。
人間の場合はホルモンや健康意識の影響もあるかもしれない。

\ お役立ちMEMO /

男女差だけでなく、生物によって寿命が違うのも気になるところ。この点については「ほ乳類では、心臓を約20億回打つ回数が寿命」というおもしろい仮説があります。心拍数が高いネズミよりも、心拍数が低いゾウのほうが長生きすることを説明する経験則です。

遺伝子操作すれば、永遠の命が手に入る?

永遠の命は、誰もが一度は夢見ること。
最新技術を使えば、
永遠の命は手に入るのでしょうか。

現代の技術では、不老不死を手に入れるのは夢の話

　古代中国の秦の初代皇帝である始皇帝は、国を支配した後、永久に国を支配するために不老不死を求めたとされています。不老不死や永遠の命は、永遠の支配を夢見る権力者がいつの時代でも求めていたものです。

　老化や寿命のしくみについては、最近の研究から少しずつわかってきました。87ページで紹介したように、テロメアの長さが細胞の寿命に関係していると考えられています。テロメアを長くするタンパク質「テロメアーゼ」を使って細胞の寿命を延ばし、無限に細胞分裂ができるようにしているのが、がんです。もし、テロメアーゼを人工的にうまく制御できれば、がんにならないまま健康な状態で老化せず、永遠の命が得られるのかもしれません。しかし、老化のしくみはまだまだわかっていないことばかりなので、少なくとも私たちが生きている間は永遠の命は夢に終わるのがオチのようです。

　そこで、もう少し現実的に、人間の寿命を考えてみたいと思います。人間の理論上の寿命の限界には諸説あり、定まった数値が科学的に決まっているわけではありません。前項の「ほ乳類では、心臓を約20億回打つ回数が

第2部　気になるあの謎を遺伝子で解く

遺伝子でわかる
ココロの不思議

遺伝子でわかる
カラダの不思議

遺伝子と
人生のこと

遺伝子と
病気のこと

遺伝子でわかる
食の不思議

遺伝子でわかる
生命の不思議

寿命」という仮説のもと、人間の心拍数を1分間で60回とすると、20億回を打ち終わるのは63歳頃になります。実際には日本人の平均寿命は80歳を超えているので、医療技術の発達などのおかげで人間は生きながらえているのかもしれません。世界の長寿記録を見ると、115歳くらいが1つの到達点のようです。ちなみに、公式記録の裏付けがある最高齢は、1997年に122歳で亡くなったフランス人女性です。

「鼓動が遅いと長生き」は本当か？

ネズミの心臓の鼓動は速い

1年　約**10**億回　✕　寿命およそ**2**年　＝

およそ**20**億回
脈打つと
心臓は止まるらしい

ゾウの心臓の鼓動は遅い

1年　約**2500**万回　✕　寿命およそ**80**年　＝

\ お役立ちMEMO /

もし永遠の命が手に入ったとして、人間は子どもを作り、育てるべきでしょうか。人口が増えれば食糧問題という別の課題が出てきます。また、子どもが生まれることで新しい個体ができ、進化のきっかけとなります。つまり、永遠の命を手に入れた最初の世代は、進化する下の世代を見ながら取り残される、という悲劇を迎えるかもしれません。

近親婚は
なぜダメなの？

親子やきょうだい間で結婚することは
法律で禁止されています。
なぜ近親婚は認められないのでしょうか。

遺伝性疾患にかかるリスクが高くなる

　日本では親子やきょうだいでの結婚は許されていません。外国でも、結婚できない親族の範囲に差はありますが、多くの国で近親婚は法律で禁止されています。その理由はいくつかあるとされています。例えば、幼少期から親密な関係にある人同士では性的につながることを嫌悪する心理があるという仮説があります。これは1891年にフィンランドの哲学者・人類学者エドワード・ウェスターマークが提唱したことから「ウェスターマーク効果」と呼ばれています。48ページで、HLAの違う相手を好きになりやすいと紹介したように、家族とは違う人との間に子どもを作ることで免疫系がより多様になることを考えると、筋の通った説ではあります。

　もう1つ、遺伝子の観点から、近親婚が生存に不利になることを考えてみます。病気の原因になる遺伝子は生存に不利になるので、そのような遺伝子をもつ人の割合はかなり少なくなります。また、両親からそれぞれ病気の原因となる遺伝子を受け継いで初めて発症するので、実際に遺伝性疾患を発症する頻度はかなり低くなります。ところが、近親婚をくり返していると、同じ遺

遺伝子でわかる
ココロの不思議

遺伝子でわかる
カラダの不思議

遺伝子と
人生のこと

遺伝子と
病気のこと

遺伝子でわかる
食の不思議

遺伝子でわかる
生命の不思議

伝子をもつ人同士で子どもを作ることになります。もし、ある代において、病気の原因になる遺伝子をもっていると、家系内にその遺伝子が広がることになり、その結果、子どもが遺伝性疾患になる確率が高くなります。有名なのが、16世紀から17世紀にかけてスペインを統治したハプスブルク家です。純血を目指して近親婚をくり返したのですが、末代になると、あごが異様に突き出る下顎前突症が現れ始めました。最後の代となったカルロス2世は虚弱体質だけでなく精神疾患の症状もあり、38歳で亡くなりました。性的不能だったために、カルロス2世の代で血筋が途絶えたことになります。最近の研究では、カルロス2世は複合下垂体ホルモン欠損症と遠位尿細管性アシドーシスという2つの遺伝性疾患を同時にもっていたとのことです。

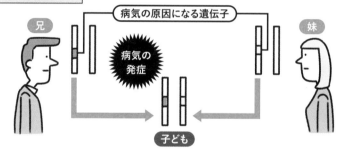

近親結婚のリスク

病気の原因になる遺伝子

兄

妹

病気の
発症

子ども

色のついた部分が2つあると病気を発症するとする。
両親は、色が片方にしかないので病気ではないが、
子どもが両方とも受け継ぐと病気になる。

＼ お役立ちMEMO ／

この話はペットにも当てはまります。ウェルシュ・コーギーという犬種では、後ろ足や呼吸器に麻痺が出る変性性脊髄症という遺伝性疾患が非常に多いことがわかっています。メディアの影響で人気が出たときに、無理に増やそうとして近親交配を行ったことが原因です。

生まれてくる子どもの
遺伝子操作はできる?

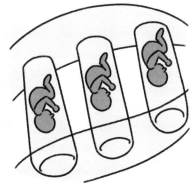

生まれてくる子どもは健康でいてほしい、
少しでも頭のいい子になってほしい……。
そんな親の願いを叶えることはできるのでしょうか。

ゲノム編集は可能、ただしリスクは未知数

　遺伝子によってすべてが決まるわけではありませんが、ある程度の影響力をもっているのはたしかです。なかには、遺伝性疾患のように、子どもに引き継がせたくないものもあります。親が希望する容姿や能力になるように、受精卵の段階で遺伝子操作された人のことをデザイナーベビー(designer baby)やジーンリッチ(gene rich、geneとは遺伝子のこと)と呼んでいます。

　遺伝子組換え技術が登場した頃から、デザイナーベビーの可能性は指摘されていましたが、遺伝子組換えが成功する可能性は100万分の1とも言われています。動物や植物の実験など、大量の細胞が用意できる基礎研究では活用されていますが、人間の受精卵となると全く数が足りません。女性が一生のうちに排卵する数は400〜500個程度ですが、これでは遺伝子組換えが成功する受精卵はほぼゼロです。そのため、デザイナーベビーは、可能性はあるものの、あまり現実的ではないとされてきました。

　ところが、2000年代に入ると、ゲノム編集という違う方法が登場しました。特に、2020年にノーベル化学賞の受賞テーマとなった「クリスパー・キャス

第2部　気になるあの謎を遺伝子で解く

遺伝子でわかる
ココロの不思議

遺伝子でわかる
カラダの不思議

遺伝子と
人生のこと

遺伝子と
病気のこと

遺伝子でわかる
食の不思議

遺伝子でわかる
生命の不思議

9（CRISPR-Cas9）」という方法は、遺伝子を書き換える成功率が数十％に
もなります。不妊治療のときに排卵誘発剤を使うと5〜10個くらいの卵子が
得られるので、数個くらいは遺伝子操作に成功した受精卵が得られると考え
られます。

　そして2018年、中国で、ゲノム編集を行った受精卵から双子が誕生した
というニュースが世界を駆け巡りました。エイズを引き起こすHIVに感染し
ないよう、CCR5という遺伝子を書き換えたのです。ただし、書き換えたタイ
プのCCR5遺伝子はインフルエンザウイルスに感染したときの死亡率が高
くなるというデータもあります。CCR5遺伝子の機能が完全に解明されてい
ない現在において、どのようなリスクがあるのか未知数であり、デザイナー
ベビーの実現には技術的な面においても問題が多くあるのが実情です。

デザイナーベビーの誕生

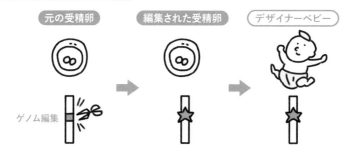

元の受精卵　　編集された受精卵　　デザイナーベビー

ゲノム編集

遺伝子 NEWS　ゲノム編集でDNAが大量に削除される!?

ゲノム編集では、目的の遺伝子以外も書き換えてしまう可能性があり
ます。受精卵の場合、一部の細胞だけ遺伝子が書き換えられ、他の細
胞はそのままということもあり得ます。最近では、DNAが数千文字も
削除される可能性があることが指摘されています。

幼児がわがままで
泣き虫なわけ

子育てを経験したことのある人なら、
乳幼児のわがままに付き合う苦労があったはず。
なぜ子どもは泣き虫でわがままなのでしょうか。

子どもは親を困らせたくて泣くわけではない

　子どもはかわいいのですが、同時にわがままで大変なのもまた事実です。もし、子どもが素直に言うことを聞いてくれれば、子育てはもっと楽になるはずなのに、と思う人もいるでしょう。しかし、進化の歴史を振り返ると、子育てに時間がかかったり、子どもが親に頼ったりするのは仕方がないようです。

　他の生物を見ると、子育てする期間が違うことがわかります。昆虫や魚類、両生類、は虫類では、卵を守る生物は多くいるのですが、生まれてからとなると子どもを放置する生物がほとんどです。赤ちゃんが生まれた時点で、生きるうえで必要なカラダ作りが十分にできあがっているからです。ところが鳥類になると、親鳥がひなにエサをあげるように、子育てする様子がうかがえます。ひなの時点では翼などが十分にできておらず、自分でエサを取りにいくことができません。親離れして生きていくためには、しばらくの間、親の世話を受ける必要があります。

　ほ乳類になると、授乳という行動が出てきます。子どもが親に依存する頻度はさらに高くなり、親離れするまでの時間もより長くなります。特に人間の

場合、生まれたばかりのカラダはとても未熟で、第二次性徴を経て大人らしいカラダになるためには10年以上かかります。こんなに長い間子どもでいる期間が長い生物は、他にいません。人間は、脳が大きいために妊娠中の母親の体内で育てるにはサイズの問題から限界があり、生まれてからの成長に時間をかけているためだと考えられます。

　未熟なカラダや知能では、1人で生きていくことができません。ごはんを作ることもできず、遊んだり学んだりするにしても自分で必要なものを用意することができません。子どもにとって、保護者だけが頼りなのです。子どもがわがままなのは、親を困らせるためではなく、自分が生きるために必死という証です。

子どもが泣く理由

大人

子ども時代

成長

10歳くらいまではカラダが完成していないため、
他の人の手を借りないと生きられない。
生存のために、泣いたり叫んだりしてアピールしている。

\ お役立ちMEMO /

自分1人だけで生きられないのは、子どもに限ったことではありません。大人になっても、友達や会社の同僚のように、周りの人がいるからこそ楽しい人生を送ったり仕事ができたりします。そういう意味では、人間はいつまでも他人に頼って生きていることになります。

遺伝子でわかる
ココロの不思議

遺伝子でわかる
カラダの不思議

遺伝子と
人生のこと

遺伝子と
病気のこと

遺伝子でわかる
食の不思議

遺伝子でわかる
生命の不思議

人生は
遺伝子によって
決められている?

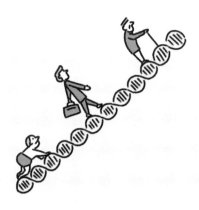

遺伝子が私たちにいろいろな影響を与えているのなら、
人生も遺伝子によって決められているのでしょうか。
努力することは無駄なのでしょうか。

性格や能力は、経験や努力によって変えられる

　本書では、遺伝子が私たちのカラダを作るための情報であり、カラダだけでなく体質や性格にも影響を与えていることを紹介しています。しかし、こうしたことを知るうちに、「人生も遺伝子によって影響を受けているのではないか?」、「努力や経験は、遺伝子の前では無意味ではないか?」と虚無感を覚えてしまう人がいるかもしれませんが、安心してください。経験や努力は無駄ではありません。人類は、遺伝子の支配に立ち向かうことができます。

　ここでは例として、女性の飲酒傾向と遺伝の傾向を紹介します。オーストラリアの双子の研究から、女性の飲酒傾向には遺伝が関係しており、その影響力は約54%と推定されています。ところがおもしろいことに、30歳以下の場合、結婚していない女性では遺伝の影響が60%も占めるのに対して、結婚した女性では遺伝の影響が31%まで下がることがわかりました。結婚してパートナーとの共同生活が始まったことで生活スタイルが変わり、お酒を飲む頻度が減った人が相当数いることを意味するデータです。つまり、生まれつきお酒を飲むのが好きな人でも、環境が変わることで意識も変わり、

遺伝子でわかる　ココロの不思議
遺伝子でわかる　カラダの不思議
遺伝子と　人生のこと
遺伝子と　病気のこと
遺伝子でわかる　食の不思議
遺伝子でわかる　生命の不思議

お酒を控えるようになるということです。

　他にも、日本の双子研究で、野菜の好き嫌いに関する研究があります。双子の女の子では、幼稚園の時点では遺伝の影響は約74％とかなり大きいのですが、高校生の別の双子を調べると遺伝の影響は47％まで下がります。みなさんも、子どもの頃は苦手だった食べ物や飲み物が、大人になってから好きになったという経験があると思います。食べ物の好き嫌いだけでなく、性格や学習能力、運動能力も、経験や努力によって変わる可能性を人間は秘めていると考えられています。

遺伝の影響も変化する

遺伝の確率**74％**

ニンジン キライ
ニンジン キライ

双子の子ども

遺伝の確率**47％**

ニンジン キライ
ニンジン スキ

双子の高校生

遺伝の影響も子どもから大人に成長する過程で変化する可能性がある。
味覚だけでなく、経験や努力で性格を変えることも不可能ではない。

＼ お役立ちMEMO ／

「利己的な遺伝子」という言葉を提唱したイギリスの進化生物学者・動物行動学者であるリチャード・ドーキンスは、『利己的な遺伝子』（紀伊國屋書店）の中で、「この地上で、唯一私たちだけが、利己的な自己複製子（著者注：遺伝子のこと）たちの専制支配に反逆できるのだ」と述べており、人間がもつ利他的精神や情熱は遺伝子の影響力を超える可能性を示唆する記述があります。

多様性が
大切なのはなぜ？

「多様性」や「ダイバーシティ」という言葉が使われて久しいですが、
本当はどのような意味なのでしょうか。
それらがなぜ大切なのかを考えます。

多様性の否定は自分の存在否定につながる

　多様性とは、集団の中にいろいろなものがいる、という意味です。生態系
や地球環境で言えば、多種多様な生物が生きていることです。人間の社会
なら、人種や性別に関係なく、さまざまな能力や個性をもつ人びとが集まっ
ていることを意味します。

　なぜ、多様性が大切とされているのでしょうか。ここではまず、細胞の多
様性を考えます。地球に生まれた最初の生命は、細胞1つだけで生きる単
細胞生物でした。細胞が集まって多細胞生物となり、細胞が役割分担するこ
とでさまざまな臓器や組織ができました。私たちのカラダに心臓、脳、皮膚、
胃、腸など、いろいろな臓器や組織があるのは、それぞれを作るための遺伝
子があるからです。つまり、多様性とは、遺伝子の多様性と補足することが
できます。DNAは本来、完璧にコピーされるはずですが、どうしてもコピーミ
スが生じます。また、紫外線や化学物質によってDNAの一部が変わること
があります。不都合なように思えますが、だからこそ遺伝子が変化し、多様
性が生まれることになります。多様性がなぜ大切かというと、そもそも多様

第2部　気になるあの謎を遺伝子で解く

遺伝子でわかる
ココロの不思議

遺伝子でわかる
カラダの不思議

遺伝子と
人生のこと

遺伝子と
病気のこと

遺伝子でわかる
食の不思議

遺伝子でわかる
生命の不思議

性を生むのが遺伝子であり、全生命の根源的特徴が多様性なのです。多様性を否定することは、今の生命だけでなく、過去に絶滅した全生命を否定することであり、それは今の私たちの存在を否定することでもあります。

　また、環境が激変しても、地球上にいるさまざまな生物の中から一部でも生き残ることができれば、生命の糸をつなぎ続けることができます。もし、6600万年前の地球の生物が恐竜だけだったら、隕石衝突と、それによる地球環境の激変によって地球上の生物は完全に生き絶えていたことでしょう。ネズミの祖先とされる小さく弱いほ乳類が恐竜の陰で生活していたからこそ、完全な絶滅を避けることができ、今の人類がいるわけです。

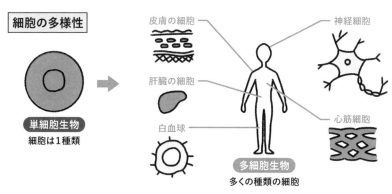

細胞の種類が多いこともまた多様性といえる。
生命の根源にあるのが多様性で、それなくして今の人類は存在できない。

\ お役立ちMEMO /

人間社会の場合には、一人ひとりの性格や個性に合わせて役割分担するためと考えると、多様性の大切さを理解しやすいと思います。1人で会社の業務をすべて行うことは不可能です。営業、製造、総務、経営など、それぞれの業務を得意とする人たちが集まることが会社を強くします。

虐待を
繰り返すのは
遺伝のせい？

「虐待は連鎖する」とよく言われますが、
これは本当なのでしょうか。
本当だとしたら、防ぐことはできるのでしょうか。

虐待遺伝子は存在しないがストレスは遺伝するかもしれない

　幼い頃に虐待を受けた人は、その記憶が生涯残ることで精神面に大きな影響が現れ、大人になってからの人生にも大きな影響を及ぼします。そして、虐待を受けた人が親になったとき、自分の子どもも虐待をしてしまうということがあるようです。これは「虐待の連鎖」と言われています。

　本当に虐待の連鎖があるのかどうかは、調査ごとに結果が異なっており、断言できないのが現状です。2006年に東京都福祉保健局少子社会対策部が公表した『児童虐待の実態2』では、児童相談所に相談が寄れられた事例を対象に、虐待を行った保護者1040人を調べたところ、過去に虐待された経験がある人はわずか9.1％でした。一方、2019年に発表された理化学研究所による調査では、子どもを虐待したとして有罪判決を受けた保護者25人のうち、過去に虐待された経験がある人は72％にものぼっていました。虐待の連鎖は、虐待の原因の一部になっているのはたしかなようです。しかし実際にはアルコール依存症や、うつ病などの精神疾患など、さまざまな要因があって虐待に走ってしまうとされています。

遺伝子でわかる
ココロの不思議

遺伝子でわかる
カラダの不思議

遺伝子と
人生のこと

遺伝子と
病気のこと

遺伝子でわかる
食の不思議

遺伝子でわかる
生命の不思議

　虐待の連鎖については、最近、遺伝子の研究からしくみを解明しようとする研究が行われています。といっても、虐待遺伝子があるわけではありません。特定の遺伝子がどれくらい使われるかという「量」の問題がありそうだ、ということがわかりつつあります。マウス（ネズミの一種）の実験では、ストレスを与えたオスのマウスの精子で、miR-34とmiR-449という物質の量が減っていることがわかりました。この物質は、特定のRNAに結合して、RNAからタンパク質が作られるのを防ぐ作用があります。そして、ストレスを受けたマウスの子どもは、不安な行動をとりがちで社会性が低い傾向にあったとのことです。つまり、親のストレスが子どもに遺伝したのです。その子どもの精子もmiR-34とmiR-449の量が少なく、孫の代にまで影響が現れました。2つの物質と、子どもの不安行動との因果関係は不明ですが、体内の環境が、行動や他人とのコミュニケーションに影響を与えている可能性はあります。

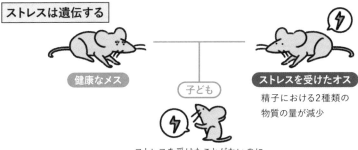

ストレスは遺伝する

健康なメス　　　子ども　　　ストレスを受けたオス
精子における2種類の
物質の量が減少

ストレスを受けたことがないのに
不安を覚えて社会性が低くなる

＼ お役立ちMEMO ／

仮に、ストレスが遺伝することが本当だとしても、虐待していい理由にはなりません。幼少期に虐待を受けた人の全員が、自分の子どもに虐待しているわけではないことも事実です。他人からのサポート、または子育てに関する知識を身につけて、過去の経験を克服できるのもまた人間なのです。

髪の毛1本のDNAから
565京人に1人を割り出せる！

人間のゲノムには、4文字（TCTA）がくり返し出てくる場所があり、
そのくり返し回数は個人によって違うことがわかっています。
例えば犯罪現場に犯人が髪の毛を落とした場合、
DNA鑑定でくり返し回数を調べれば、犯人を特定できます。

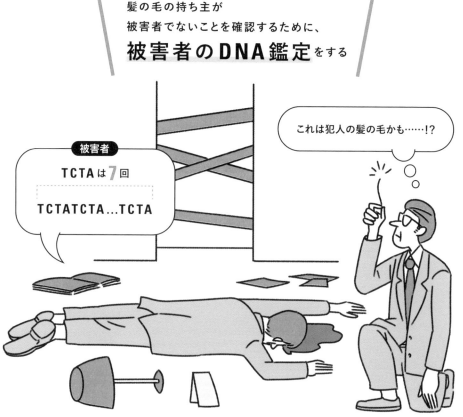

髪の毛のDNAを調査

髪の毛の持ち主

TCTA は **20**回

TCTATCTA……………TCTA

犯人らしき人のDNAを調査

現在の犯罪捜査のDNA鑑定では、
21カ所のくり返し場所を調べて、

別人と偶然
一致してしまう確率を
565京人に1人

にまで下げている

TCTAは20回!
犯人‼

ただし……

犯人特定には対象者の**DNA**
を採取する必要があるため、
犯人を追い詰める地道な捜
査が欠かせないのは今も昔
も変わりません。

遺伝子と

P128

生活習慣病は
遺伝の影響？

P130

遺伝する病気、
しない病気とは？

P136

どうして
「がん」になるの？

P138

乳がん・卵巣がんを
引き起こす
遺伝子がある？

病気のこと

P144

ウイルスは生物？
それとも無生物？

P146

mRNAワクチンって
どんなワクチン？

P152

ゲノム編集で
蚊が媒介する感染症を
撲滅できる？

P154

遺伝子研究で
未来の医療は
どう変わる？

病気にかかるって
どういうこと?

程度はさておき、誰もが一度は病気になったことがあるはず。
でも、病気とはそもそも何でしょうか。
意外と難しい問題に切り込んでみます。

生活に支障が出るほど、健康状態が悪いことを指す

　世の中にはいろいろな病気がありますが、では「病気とは何か」という質問に対してどう答えたらいいか、難しいものがあります。ひと言でいえば、「健康ではない状態」という答えになります。

　WHO（世界保健機関）では、健康のことを「肉体的・精神的・社会的に完全に良好な状態であり、単に病気や病弱でないことではない」と定義しています。裏を返せば、病気とは、「肉体的・精神的・社会的に良好な状態ではない」ということになります。良好な状態ではないというのは、普段の生活に支障が出るほど不調ということです。熱が出ていれば、頭がぼーっとして仕事や勉強に集中ができません。何らかの病気で入院ということになれば、精神的に不安になり、仕事もできなければ社会的にも不安になります。

　では、病気のときに、カラダの中では何が起きているのでしょうか。例えば、インフルエンザウイルスに感染したときに高熱が出ますが、ウイルスそのものが熱を出しているのではありません。ヒトの細胞は基本的に温度が上がると活発になる性質があるので、人体がわざと体温を上げて、ウイルスに対

する細胞の攻撃力を上げているのです。

　他の病気では、何らかの理由で細胞の機能がおかしくなり、その影響が体調不良として実感できるときに「病気」と認知できるようになります。糖尿病なら、糖を分解するインスリンというホルモンの分泌量が少なくなります。がんなら、細胞が無秩序に増え続ける状態となっています。うつ病については、ストレスなどによって神経細胞同士の情報のやりとりに支障が起きていると考えられています。

　つまり、病気とは、細胞の機能がおかしくなっている、または細胞の機能を正しく維持するための遺伝子の使い方に何らかのトラブルが起きている状態、と考えることもできます。

病気とは何か

肉体的・精神的・社会的に良好でない状態

風邪で熱が出るのは免疫細胞などを活性化させるため	糖尿病ではインスリン分泌量が少ないため、人によっては注射で補う	うつ病では神経細胞における情報のやりとりがうまくできていない

＼ お役立ちMEMO ／

体温を上げ過ぎるとカラダを作るタンパク質が熱で壊れてしまうので、どんなに高くても42℃を超えることはまずありません。体温計の測定範囲の上限が42℃になっているのは、そもそも体温が42℃を超えることがないからです。

遺伝子でわかる　ココロの不思議

遺伝子でわかる　カラダの不思議

遺伝子と　人生のこと

遺伝子と　病気のこと

遺伝子でわかる　食の不思議

遺伝子でわかる　生命の不思議

薬の効き目は
遺伝子で決まる？

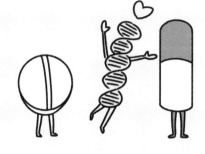

風邪薬や花粉症の薬を飲んだとき、
眠くなる人とならない人がいます。
この違いは何が理由なのでしょうか。

いつかは遺伝子ごとに合った薬を飲む日が来るかも

　風邪を引いたり病気になったりしたとき、ほとんどの人は薬のお世話になります。病院で処方してもらう以外にも、ドラッグストアで買うなど、薬は身近な存在です。花粉症の人にとっては、薬はなくてはならないものでしょう。しかし、薬の効き目や副作用は、人によってさまざまです。少しの量ですごく効く人もいれば、なかなか効かない人もいます。また、副作用がほとんどない人もいれば、薬を飲むとすぐに眠くなるという人もいます。同じ薬を同じ量で飲んでも、効果や副作用に個人差があることは珍しくありません。

　その理由は、遺伝子の個人差によって、薬を分解したり、薬を細胞内に取り込んだりする効率が変わるためと考えられています。

　例えば、CYP2C19という遺伝子は、胃潰瘍や十二指腸潰瘍の原因となるピロリ菌を除菌する薬など、いろいろな薬を分解するタンパク質を作ります。日本人の5人に1人はCYP2C19タンパク質の活性が低くて薬を分解しにくいため、分解しやすい人よりも薬の量が少なくても済む可能性があります。

　同じことは、抗がん剤や心筋梗塞の薬などにも当てはまります。

第2部　気になるあの謎を遺伝子で解く

遺伝子でわかる
ココロの不思議

遺伝子でわかる
カラダの不思議

遺伝子と
人生のこと

遺伝子と
病気のこと

遺伝子でわかる
食の不思議

遺伝子でわかる
生命の不思議

　現在研究されているのは病院で処方される薬ですが、もしかしたらドラッグストアで買えるような薬も、遺伝子の個人差によって効き目や副作用の程度が変わっている可能性はあります。未来では、自分の遺伝情報をもとに薬を選んだり、薬を飲む量を決めたりできるかもしれません。

CYP2C19タンパク質の能力差

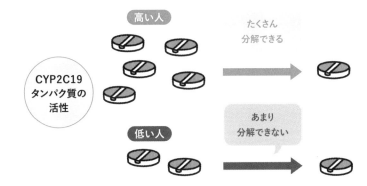

高い人

CYP2C19
タンパク質の
活性

たくさん
分解できる

低い人

あまり
分解できない

最後に薬が1個残っているのが「ちょうどいい」量だとすると、
逆算して飲む量を決める。
将来は自分の遺伝子に合わせた
薬の種類・量を選べる日が来るかもしれない。

\ お役立ちMEMO /

薬の研究・開発では、人間の培養細胞や動物実験で試すのですが、これらは基本的に遺伝子の個人差（動物なら個体差）がない状態で行っています。そのため、実際の人間の個人差は研究・開発段階でなかなか反映されにくいという問題があります。

生活習慣病は
遺伝の影響？

生活習慣病という言葉は誰もが知っていますが、
みなさんはどれほど気にしているでしょうか。
遺伝の影響はあるのでしょうか。

生活習慣病のほとんどは、個人の生活習慣が原因

　生活習慣病とは、日々の生活習慣が原因で起こる、さまざまな病気の総称です。厚生労働省では、生活習慣病を、「食習慣、運動習慣、休養、喫煙、飲酒等の生活習慣が、その発症・進行に関与する疾患群」と定義しています。具体的には、2型糖尿病、肥満、大腸がん、慢性気管支炎、動脈硬化症などがあります。

　生活習慣病は、以前は「成人病」と呼ばれていたものです。大人になると発症しやすいことからこう呼ばれていたのですが、もちろん大人の全員が発症するわけではありません。食事や運動、喫煙、お酒との関係が強いことから、1996年に生活習慣病と呼び方が変わりました。栄養素がかたよった食事は糖尿病や肥満、大腸がんを引き起こしやすいことが、世界中の統計から明らかになっています。タバコは、肺がんの一種である肺扁平上皮がんに大きく関わります。お酒の飲み過ぎは、肝硬変の原因の1つです。このように、日々の生活習慣が少しずつカラダに影響を与え、あるとき検査や体調不良によって実感できるのが生活習慣病です。

遺伝子でわかる
ココロの不思議

遺伝子でわかる
カラダの不思議

遺伝子と
人生のこと

遺伝子と
病気のこと

遺伝子でわかる
食の不思議

遺伝子でわかる
生命の不思議

では、生活習慣病に遺伝子は関係しないのでしょうか。「この遺伝子があると必ず生活習慣病になる」というものはありませんが、「生活習慣病になりやすい・なりにくい」に関係する遺伝子があることがわかっています。遺伝子の個人差（➡ P.44）のうち、rs2237892という場所がCCの人では、2型糖尿病になる確率が平均よりも1.24倍高いというデータがあります。多少のなりやすさ、なりにくさは遺伝子によって左右されていると考えられています。

とはいえ、遺伝子の影響はそれほど大きくはないと言えます。双子の研究から、2型糖尿病には遺伝子が26％関わっているそうです。つまり、残り74％は生活習慣が影響するということです。変えられない遺伝子のことを考えるよりも、変えられる生活習慣のことを考えて行動に移すことで、生活習慣病を予防できます。

生活習慣病への影響力（2型糖尿病の場合）

74%	26%
運動　　食事　　喫煙　　飲酒	遺伝子の個人差

2型糖尿病の場合、生活習慣病への遺伝子の影響は26％。

＼ お役立ちMEMO ／

大腸がんの中には、遺伝子が原因のリンチ症候群というものがありますが、生活習慣病に分類されません。一般的な大腸がんの発症年齢は65歳前後ですが、リンチ症候群は平均45歳で発症するという大きな違いがあります。

遺伝する病気、
しない病気とは？

遺伝性疾患という言葉があるように
遺伝する病気があるのはたしかです。
では、遺伝しない病気には何があるのでしょうか。

細菌やウイルスに関係する病気は遺伝しない

　遺伝性疾患とは、主に遺伝子が原因である病気のことです（正確には、遺伝子をパッケージした染色体に変化があっても病気の原因になることがあります）。両親がすでに遺伝性疾患の原因となる遺伝子をもっているとき、それが子どもにも伝わる可能性があります。遺伝性疾患の例を挙げると、ハンチントン病があります。ハンチントン病は、最初は細かい動作ができにくくなり、症状が進むと歩くのも不安定になったり、自分の意思とは無関係にカラダが動いたりしてしまう病気です。物事を計画したり全体を把握したりすることが苦手になる精神症状が表れる患者もいます。こうした症状は、脳の一部が萎縮してしまうことが原因です。

　ハンチントン病の患者は、ハンチンチンという遺伝子に変化が起きていることがわかっています。ハンチンチン遺伝子の中には、CAGという文字列が何回もくり返している場所があります。くり返し回数が26回以下では発症しないのですが、36回を超えると神経細胞内でハンチンチンタンパク質が凝集するようになり、神経細胞が正しく機能しないために発症します。これは

個人の努力でどうにかなるものではなく、遺伝子の違いだけで病気になる遺伝性疾患です。

　では、遺伝しない病気には何があるのでしょうか。代表的なものは、前項で紹介した生活習慣病です。多少の「なりやすさ・なりにくさ」に影響を与える遺伝子はありますが、遺伝子の違いだけで病気になることはありません。また、食中毒やウイルス感染症は、遺伝子とは関係なく起きるものです。生活習慣や環境、または細菌やウイルスと関係する病気は、基本的には遺伝しません。

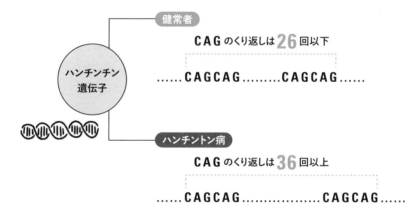

ハンチントン病患者の遺伝子

健常者

CAG のくり返しは **26** 回以下

......CAGCAG.........CAGCAG......

ハンチンチン
遺伝子

ハンチントン病

CAG のくり返しは **36** 回以上

......CAGCAG.................CAGCAG......

遺伝子
Q&A

Q　遺伝する病気は治るの？

A　症状を抑えたり和らげたりする方法はありますが、根本的に治療する方法はまだ確立していません。遺伝子の違いが原因のため、遺伝子を修復する「遺伝子治療」という方法などが研究されています。

遺伝子でわかる
ココロの不思議

遺伝子でわかる
カラダの不思議

遺伝子と
人生のこと

遺伝子と
病気のこと

遺伝子でわかる
食の不思議

遺伝子でわかる
生命の不思議

遺伝じゃない
遺伝性疾患がある？

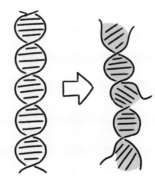

遺伝性疾患は文字通り遺伝するものですが、
親から遺伝せずに遺伝性疾患になる場合もあります。
なぜでしょうか。

細胞分裂時のコピーミスが遺伝性疾患を引き起こすことも

　遺伝性疾患とは、遺伝子が原因で起きる病気のことです。遺伝子に何らかの変化があると、正しいタンパク質を作ることができません。細胞が正しく機能しないため、その結果、病気という形で発症することになります。

　遺伝性疾患を文字通り読むと、遺伝する病気という意味になります。自分が病気の原因となる遺伝子をもっている場合、子どもにも受け継がれる可能性があります（ただし、遺伝子は両親から受け継いだ2つ1組があり、子どもへは片方だけ受け継がれるので、必ずしも原因の遺伝子が受け継がれるとは限りません）。

　しかし、親が遺伝性疾患の原因の遺伝子をもっていないからといって、自分は絶対に遺伝性疾患にならないかというと、そうではありません。

　両親の精子と卵子が作られるときのことを考えてみましょう。精子も卵子も、必ず細胞分裂によって作られます。細胞分裂のときにはDNAもコピーされるのですが、そのコピーは完璧ではありません。どうしてもコピーミスが起きてしまいます。普通の細胞であれば、仮にコピーミスがあったとしても

遺伝子でわかる
ココロの不思議

遺伝子でわかる
カラダの不思議

遺伝子と
人生のこと

遺伝子と
病気のこと

遺伝子でわかる
食の不思議

遺伝子でわかる
生命の不思議

全身を構成する約37兆個の中に埋もれ、ほとんど悪影響がないままコピーミスの細胞は死んでいきます。しかし、精子や卵子でコピーミスがあると、そのまま受精卵となって、子どもの全細胞の大もととなります。コピーミスが子どもの全細胞に行き渡るため、コピーミスの場所によっては遺伝子が原因の病気、つまり遺伝性疾患を引き起こすことになります。

　精子や卵子のコピーミスは、珍しいことではありません。ある研究によると、精子のDNAには、父親の他の細胞にはない変化が平均30カ所あるそうです。

子どもだけが遺伝性疾患になるしくみ

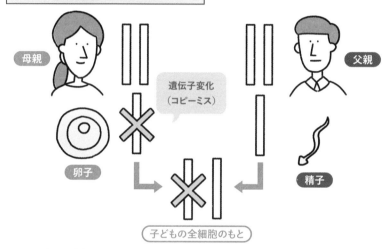

親の遺伝子が正しくても、卵子や精子で遺伝子が変化すると
子どもが遺伝性疾患になる場合がある。

＼ お役立ちMEMO ／

コピーミスは新しい遺伝子やタンパク質が作られるきっかけでもあります。新しい遺伝子ができることは、生命全体の歴史の中では新しい生物が生まれる可能性を意味します。つまり、DNAのコピーミスが進化を引き起こす一因となっているのです。

遺伝性疾患を
防いだり、治したり
することは可能？

遺伝性疾患は遺伝子の病気。
それを防いだり、治したりすることはできるのでしょうか。
可能だとしたら、どんな方法があるのでしょうか。

治すための研究は進んでいるが、防ぐのはかなり難しい

　普通の病気であれば、薬を飲んだり塗ったりして症状を抑え、回復するのを待ちます。細菌が原因の感染症なら、抗菌剤で細菌を殺す方法もあります。では、遺伝子の病気である遺伝性疾患を治す方法はあるのでしょうか。

　根本的に治すのであれば、原因となっている細胞内の遺伝子を変えなければいけません。ごく一部の遺伝性疾患については、臨床試験という形で少しずつ検証が進んでいます。

　例えば、鎌状赤血球症という遺伝性疾患があります。血液中で酸素を運ぶ赤血球の形が鎌状（三日月形）に変化し、酸素を運びにくくなって貧血を起こしやすくなる病気です。赤血球は、造血幹細胞という細胞から作られます。そこで、患者の体内から造血幹細胞を取り出し、ゲノム編集をして、酸素を運びやすくなるように遺伝子を変えます。遺伝子が変わった造血幹細胞を患者の体内に戻すと、酸素を運べる赤血球が増える、という原理です。臨床試験が始まったのは2020年からですが、経過は良好なようです。このように、遺伝子を変えて病気を治す方法を、遺伝子治療と呼んでいます。

遺伝子でわかる
ココロの不思議

遺伝子でわかる
カラダの不思議

遺伝子と
人生のこと

遺伝子と
病気のこと

遺伝子でわかる
食の不思議

遺伝子でわかる
生命の不思議

　遺伝性疾患を未然に防ぐとなると、かなり難しくなります。確実な方法は、受精卵の段階でゲノム編集を行い、原因となっている遺伝子を修復することです。ただし、病気を治すだけでなく、同じ方法を使って身体や精神を強化できると考えられており、デザイナーベビー（➡P.110）の懸念があります。何をもって病気の治療とするのか、強化とするのか、その境界はどこにあって誰が決めるのかなど多くの課題があり、今すぐの実現は難しいでしょう。

鎌状赤血球症におけるゲノム編集の流れ

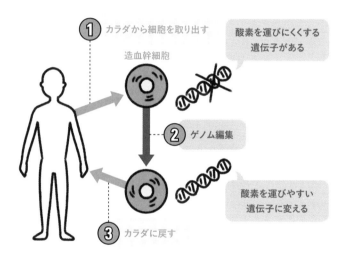

① カラダから細胞を取り出す

造血幹細胞

酸素を運びにくくする
遺伝子がある

② ゲノム編集

酸素を運びやすい
遺伝子に変える

③ カラダに戻す

造血幹細胞を取り出し、ゲノム編集で遺伝子を変え、患者に戻す。

＼ お役立ちMEMO ／

目の網膜の病気のように、治療範囲が狭いときには、無害なウイルスを使って治療範囲に感染させ、遺伝子を変える方法があります。

どうして
「がん」になるの？

日本人の死因第1位である「がん」。
なぜ、がんになってしまうのでしょうか。
がんにならない方法はあるのでしょうか。

がんは遺伝子変化が原因とも言える

　日本人の2人に1人は一生のうちに何らかのがんにかかり、3人に1人は
がんで亡くなっていると推定されています。しかし、そもそも「がん」になると、
なぜ死に至るのでしょうか。がんは、細胞が無秩序に増え続ける性質があり
ます。最初は目に見えないほどの大きさですが、腫瘍と呼ばれるほど大きく
なると臓器が圧迫されるようになり、臓器は正しく機能できなくなります。

　がんは、外部からやってくるものではありません。もともと私たちのカラダ
を作っている細胞に由来します。通常、細胞は増え過ぎないように、細胞分
裂が適切にコントロールされています。細胞を増やすアクセルと、細胞を増
やさないようにするブレーキのバランスがうまく保たれているのです。アク
セルとブレーキは、どちらも遺伝子の仕事です。ブレーキ役の遺伝子として、
p53という遺伝子などがあります。もし、アクセルが踏みっぱなしになったり、
ブレーキが壊れたりするような遺伝子の変化が起きると、その細胞は分裂し
続けることになります。そうして増え続けたのが、がん細胞です。がんは、遺
伝子の変化が原因の病気とも言えます。

遺伝子でわかる
ココロの不思議

遺伝子でわかる
カラダの不思議

遺伝子と
人生のこと

遺伝子と
病気のこと

遺伝子でわかる
食の不思議

遺伝子でわかる
生命の不思議

　がんを引き起こす、つまり遺伝子を変化させる要因はいくつかあります。例えば、化学物質の中には、DNAに結合して変化させるものがあります。タバコやお酒の飲み過ぎがよくない理由です。紫外線はDNAのコピーミスを引き起こすため、皮膚がんの原因になります。ヒトパピローマウイルス（HPV）による子宮頸がんのように、がんの原因となるウイルスもいます。他にも、日頃の運動や食習慣もがんリスクに関係します。

　タバコやお酒を控えたり、運動や栄養に気を遣ったりすることで、がんをある程度予防できると考えられています。しかし、がんにならないようにする方法はありません。唯一、がんを回避できる方法としては、子宮頸がんに対するHPVワクチンがあります。

遺伝子が変化する要因

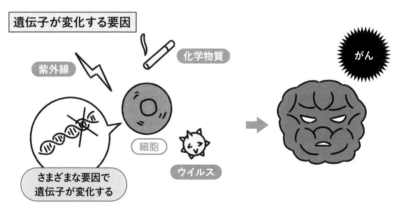

紫外線

化学物質

細胞

ウイルス

さまざまな要因で
遺伝子が変化する

がん

細胞増殖に関わる遺伝子が変化すると、増殖が止まらず腫瘍になる。

\ お役立ちMEMO /

ある研究によると、「ある程度予防できる」のは、全体のがんの3分の1に過ぎず、残り3分の2はDNAのコピーミスという「努力ではどうにもならない偶然」が原因とのことです。こうしたことからも、絶対にがんにならない方法はないと言えます。

乳がん・卵巣がんを引き起こす遺伝子がある?

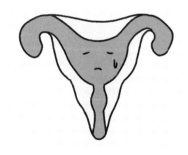

女性の11人に1人がかかると言われる乳がんや、
卵巣がんなどはとても気になる病気です。
これらの中には、遺伝するものがあります。

乳がん・卵巣がんにはBRCA1遺伝子の変化が関係する

　2013年、ハリウッド女優のアンジェリーナ・ジョリーはアメリカの新聞『The New York Times』で、ある発表をしました。自分は遺伝的に乳がんになるリスクがとても高いこと、そのため予防的に乳房を切除した、というものです。後に彼女は、卵巣も切除しました。

　彼女の場合、母親を56歳という若さで卵巣がんによって亡くしています。そこで、自分の遺伝子を調べてもらったところ、乳がん・卵巣がんになりやすい遺伝子をもっていたことがわかりました。

　乳がん・卵巣がんになりやすい遺伝子とは、BRCA1遺伝子です。この遺伝子に変化があると、一生で乳がんになる確率が約9割、卵巣がんになる確率が5割とされています。おそらく母親も、この遺伝子変化をもっていたと考えられます。似たような遺伝子にBRCA2があり、同じように乳がん・卵巣がんのリスクが大きく上がります。そして、「遺伝した」ということは、「遺伝する」ということも意味します。つまり、卵子にも同じ遺伝子の変化が起きており、子どもに受け継がれる可能性があるというわけです。

　このような遺伝性乳がんの特徴としては、「40歳未満という若さで乳がんを発症する」、「乳がん・卵巣がんになった親族が複数いる」、「片方の乳房で乳がんを発症した後、反対側でも乳がんを発症する」などがあります。こうした特徴に当てはまるときには、自分の遺伝子を調べて、遺伝性乳がんかどうか判断する検査を行うことがあります。なお、男性でも、BRCA1遺伝子が変化していると前立腺がんになるリスクが高くなるとされており、女性だけの問題ではありません。

遺伝子でわかる ココロの不思議

遺伝子でわかる カラダの不思議

遺伝子と 人生のこと

遺伝子と 病気のこと

遺伝子でわかる 食の不思議

遺伝子でわかる 生命の不思議

乳がん・卵巣がんになりやすい遺伝子

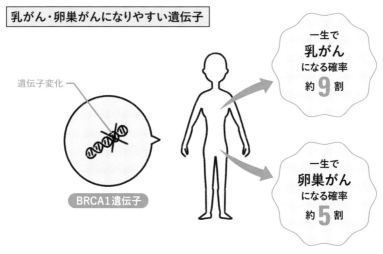

遺伝子変化

BRCA1遺伝子

一生で
乳がん
になる確率
約 **9** 割

一生で
卵巣がん
になる確率
約 **5** 割

BRCA1遺伝子は、紫外線や化学物質によって傷ついたDNAを
修復することで、細胞のがん化を抑えている。
BRCA1遺伝子が変化して機能が失われると、
乳がんや卵巣がんになりやすくなる。

＼ お役立ちMEMO ／

遺伝性乳がんが疑われて遺伝子を調べる前には、十分な遺伝カウンセリングを受けることが推奨されています。なぜなら、遺伝という性質上、親やきょうだい、子どもなどにも大きく関係してくるからです。

同じ血液型なら
輸血できるのは
なぜ？

血液には型があります。
そもそも血液型とは何でしょうか。
なぜ輸血するときに重要になるのでしょうか。

AB型の人はどの血液型からでも輸血を受けられる

　みなさんが日常会話で使う血液型は、正式には「ABO式血液型」と言います。血液中で酸素を運ぶ役割をもつ細胞である赤血球の表面にある「抗原」というものの種類で分けたものです。

　血液型の発見は1900年にさかのぼります。オーストリアのウィーン大学にいたカール・ラントシュタイナーという病理学者が、ある人の血清（血液から赤血球や白血球を取り除いた上澄み）に他の人の赤血球を混ぜると、赤血球が凝集する場合と凝集しない場合があることに気づき、血液には型があることを発見しました。血液型にはA型、B型、O型、AB型の4種類があり、A型の赤血球表面にはA抗原、B型にはB抗原、O型にはどちらもなく、AB型にはA・B抗原の両方があります。一方、A型の血清には、B抗原に結合して赤血球を凝集させる性質があるB抗体というものがあります。もし、A型の人にB型の人の血液を輸血すると、A型の血液内にあるB抗体が、輸血された赤血球にあるB抗原に反応してしまい、輸血された赤血球が凝集してショック状態に陥ります。こうした理由により、基本的には同じ血液型同士

で輸血が行われます。

　なお、原理上は、AB型の人はどの血液型からでも輸血を受けることができます。AB型の血清には、自分のA抗原とB抗原に反応するA抗体もB抗体もないので、どの血液型を輸血されても凝集反応が起きません。同じ理由で、O型の赤血球表面にはA・B抗原どちらもなく凝集反応が起きないので、どの血液型の人にも輸血できます。ただし、実際の医療現場では、輸血時に必ず血液型の検査を行い、血液型が一致するときのみ輸血を行います。

血液型が違うと輸血に失敗する

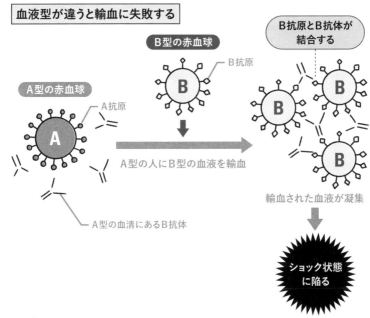

B型の赤血球

A型の赤血球

A抗原

A型の人にB型の血液を輸血

B抗原

B抗原とB抗体が結合する

輸血された血液が凝集

A型の血清にあるB抗体

ショック状態に陥る

＼ お役立ちMEMO ／

赤血球の血液型はABO式だけではありません。他に有名なものにRh血液型があります。赤血球表面にD抗原というものがあるとPh（＋）、D抗原がないとRh（−）となります。輸血では、主にABO式血液型とRh血液型の組み合わせを確認します。

遺伝子でわかる　ココロの不思議

遺伝子でわかる　カラダの不思議

遺伝子と　人生のこと

遺伝子と　病気のこと

遺伝子でわかる　食の不思議

遺伝子でわかる　生命の不思議

出生前診断は
どんな
検査をする？

妊娠中、お腹の中の赤ちゃんが健康かどうかは気になるもの。
生まれる前に行う出生前診断には、
どのような種類があるのでしょうか。

母体の血液から染色体異常を調べる検査がある

　妊娠すると定期的に産婦人科を受診します。そのとき、腹部に超音波を当ててお腹の中の胎児の様子を見るエコー検査（超音波検査）を受けます。これも立派な出生前診断です。

　出生前診断とは、赤ちゃんが生まれる前、つまりお腹の中の胎児の段階で病気があるかどうかを調べることです。エコー検査は、赤ちゃんの成長を見守るイメージがあるかもしれませんが、実際には、心臓が正しく機能しているか、形態（見た目）に変わったところがないかなど、病気の有無を慎重に診ています。

　もし、エコー検査で何らかの異常が疑われる場合には、羊水検査を受けることができます。羊水とは、子宮内で胎児の周りを満たす液体で、そこには胎児の細胞が含まれています。羊水を採取して胎児の細胞の中にある染色体や遺伝子を調べることで、病気かどうか判断できます。ただし、羊水検査では0.3％程度の確率で流産のリスクがあるので、エコー検査などで異常が疑われる場合に行われます。

そして、2013年に新しく登場したのが、新型出生前診断です。正式名称は「母体血を用いた出生前遺伝学的検査」で、NIPTという略称を使うこともあります。母親の血液の中には赤ちゃんのDNAの断片が含まれていることを活用して、染色体異常を調べるというものです。現在は、3種類の染色体異常（13番、18番、21番）のみ調べるとしています。ただし、技術的には性染色体を調べて男女を判定することができ、今後の技術革新によって他の病気や、遺伝子と関係する運動能力や性格などに関する情報が得られるようになるかもしれません。

出生前診断の項目例

	超音波断層法 （エコー）	新型出生前診断 （NIPT）	羊水検査
方法	超音波を 腹部に照射	採血	腹部に針を刺して 羊水と細胞を採取
わかること	赤ちゃんの形態	3種類の染色体異常	染色体異常や 遺伝性疾患
特徴	●安全 ●早期の受診が可能	●安全 ●高精度 ●早期の受診が可能	●病気を確定できる ●流産リスク（0.3%） 　がある

＼ お役立ちMEMO ／

出生前診断は、「赤ちゃんが病気でないことを確認する検査」ではありません。赤ちゃんが病気であると知ったときにどうするか、事前に考えておく必要があります。検査を受けるかどうかも含め、遺伝に関する専門知識をもつ臨床遺伝専門医や認定遺伝カウンセラーという専門家に事前に相談することが推奨されています。

遺伝子でわかる　コロロの不思議

遺伝子でわかる　カラダの不思議

遺伝子と　人生のこと

遺伝子と　病気のこと

遺伝子でわかる　食の不思議

遺伝子でわかる　生命の不思議

ウイルスは生物？
それとも無生物？

ウイルスは目に見えないのでなかなか実感しにくいもの。
ウイルスは生物ではないとよく言われますが、
では、生物とは何でしょうか。

「生物」は「細胞をもつかどうか」で判断される

　今の生物学では、細胞をもつものを生物と定義しているので、ウイルスは生物ではないとしています。その理由を、順を追って説明します。

　昆虫や植物は「生きている」。コンクリートや石は「生物ではない」。こうしたことは直感的に理解できるのですが、では「生きている」とはどういうことでしょうか。ある人は「時間が経つと変わるもの」と考えるかもしれません。しかし、地球を考えてみると、自然環境は刻々と変化していますが、地球が生物であるとは考えにくいものがあります（比喩として使うことはありますが）。

　「生きている」とはどういうことかという疑問は、古来より科学者だけでなく哲学者も悩ませてきたものです。ただ、「生きている」と「死んでいる」の違いは、科学よりも社会や文化に影響されます。日本では、人の死は、「医師が死亡診断書を書いたとき」または「死亡届を提出したとき」とみなされています。科学とは、いつでもどこでも成り立つべきものなので、科学が「生きている」と「死んでいる」を決めることはできません。

　そこで現在の生物学では、「生物」について考え、生物とは細胞をもつも

遺伝子でわかる
ココロの不思議

遺伝子でわかる
カラダの不思議

遺伝子と
人生のこと

遺伝子と
病気のこと

遺伝子でわかる
食の不思議

遺伝子でわかる
生命の不思議

のを指しています。そして、細胞とは「膜で内外が区切られている」、「自分で自分をコピーできる」、「内部環境を維持するためにコントロールされた化学反応を行う」の3つの条件を兼ね備えたものと定義されています。

　ウイルスは、自分の力だけで自分をコピーできません。別の細胞に入り、その中で増えるしか方法がありません。そのため、ウイルスは細胞をもっていない、つまり生物ではないとしています。とはいえ、定義をどうするかによって結論は変わります。もし、「他の細胞の力を借りてもいい」という条件が追加されれば、ウイルスは細胞であり、生物と考えることができます。

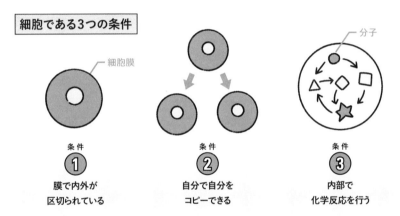

細胞である3つの条件

細胞膜

分子

条件
①
膜で内外が
区切られている

条件
②
自分で自分を
コピーできる

条件
③
内部で
化学反応を行う

生物は細胞をもつので、
3条件を満たさないウイルスは生物ではないとみなしている。

＼ お役立ちMEMO ／

「人間が生きている」と、「細胞が生きている」は別のレベルのことです。人間が死んでも、一部の細胞は生きています。死んだ人のヒゲが伸びたというのは、その人が死んでいないのではなく、細胞が体内に残されている物質やエネルギーを使って、まだ活動を続けていることを意味します。

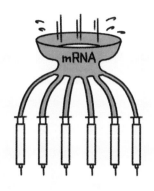

mRNAワクチンって
どんなワクチン?

新型コロナウイルス感染症を予防するための
ワクチンにはmRNA(メッセンジャーRNA)が含まれています。
今までのワクチンとどう違うのでしょうか。

体内で病原体のタンパク質を作らせ、抗体・免疫を得る

　ワクチンとは、病気を引き起こす細菌やウイルス(病原体)の特徴を事前
に免疫細胞に覚えさせ、本物が入ってきたときにすぐに排除できるようにす
るものです。風疹ワクチンやインフルエンザワクチンはおなじみですが、新
型コロナウイルス感染症のmRNAワクチンは今までのワクチンとは少し原
理が違います。

　今までのワクチンは、病原体を弱らせた、または無毒化させたものを接種
し、免疫細胞に覚えさせるというものです。麻疹(はしか)や風疹、BCGは病
原体を弱らせたもので、インフルエンザや日本脳炎は無毒化させたものが
ワクチンとして使われています。また、病原体の一部のタンパク質や、病原
体を覆う外側だけを使うという方法もあります。前者は百日咳や破傷風、後
者はHPVワクチン(いわゆる子宮頸がんワクチン)で実用化されています。

　それに対して、mRNAワクチンは、タンパク質を作るときの設計図である
mRNAを接種し、体内で病原体のタンパク質を作らせるというものです。あ
らゆる生物は、DNAという料理のレシピがあり、メモ帳にレシピをメモする

ようにmRNAにコピーし、タンパク質という食材を用意して料理を作ります。今までのワクチンがタンパク質を使っていたのに対して、mRNAワクチンはその前段階であるmRNAを接種します。

　今までのワクチンは使用実績の歴史がありますが、開発に10年かかることも珍しくありません。一方、mRNAは簡単に合成しやすいので、新しい病原体が出てきてもすぐに対応できると考えられています。

　新型コロナウイルス感染症が登場する前も、mRNAワクチンは動物実験で実証されてきました。そして人間において、新型コロナウイルス感染症に対して、重症化と死亡リスクを大きく下げることができ、ある程度の発症・感染予防効果もあることがわかりました。これが第一歩となり、mRNAワクチンの開発メーカーは現在、HIVやマラリアなど他の病原体に対するワクチン開発にも取り組んでいます。

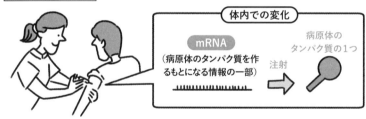

mRNAワクチン

体内での変化

mRNA
（病原体のタンパク質を作るもとになる情報の一部）

注射

病原体の
タンパク質の1つ

mRNAを接種し、体内でタンパク質を作らせる。
すると病原体に対する抗体ができ、免疫ができる。

＼ お役立ちMEMO ／

アストラゼネカ社のワクチンはウイルスベクターワクチンという別の種類のもので、無害なウイルスに新型コロナウイルスの遺伝子を入れてわざと感染させるという方法です。遺伝子からタンパク質を作らせるという点ではmRNAワクチンに似ています。

遺伝子でわかる
ココロの不思議

遺伝子でわかる
カラダの不思議

遺伝子と
人生のこと

遺伝子と
病気のこと

遺伝子でわかる
食の不思議

遺伝子でわかる
生命の不思議

ES細胞とiPS細胞は 再生医療にどう 生かされている?

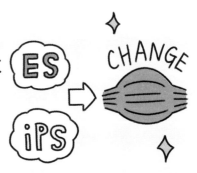

ES細胞やiPS細胞はどんな細胞にもなれるとして
再生医療への活用が期待されています。
具体的な活用例を紹介します。

神経や心臓が傷ついてしまった患者に細胞を投与する

　ES細胞とiPS細胞は、胎盤以外のほとんどの細胞に変化できる性質をもつ細胞です。ヒトの場合、ES細胞は、受精してから約5日後の細胞を取り出して作られます。このときの細胞は、不妊治療で使われなくなった受精卵から取り出します。ES細胞の正式名称は胚性幹細胞（はいせいかんさいぼう）といい、胎児よりもさらに前の段階である「胚」というものから取り出すため、このような名前が付いています。iPS細胞は、成長した人間の細胞を取り出して、そこにいくつかの遺伝子を入れて作られます。iPS細胞の正式名称は人工多能性幹細胞です。外から遺伝子を入れるので、人工という名前が付いています。

　ES細胞もiPS細胞も、神経細胞や心筋、血液など、多くの種類の細胞に変化できます。そこで、神経や心臓が傷ついたり機能しなくなったりした患者に、ES細胞やiPS細胞から作られた細胞を投与することで、神経や心臓などの機能を回復させようというのが再生医療です。

　すでにいくつかの病気に対して、細胞を移植する臨床試験が行われています。国立成育医療研究センターでは、「先天性尿素サイクル異常症」とい

遺伝子でわかるココロの不思議

遺伝子でわかるカラダの不思議

遺伝子と人生のこと

遺伝子と病気のこと

遺伝子でわかる食の不思議

遺伝子でわかる生命の不思議

う生まれつきの病気をもつ新生児に対して、ES細胞から作られた肝細胞を移植する試験が行われました。また、加齢黄斑変性症という網膜の病気に対して、iPS細胞から作られた網膜色素上皮シートという細胞シートを移植する臨床試験も行われています。

　ただし、すべての病気やケガが再生医療で治せるかというと、そうではありません。細胞はデリケートなので扱い方が難しく、結果として治療費用が高額になりがちです。臨床試験では患者負担はありませんが、保険適用となれば国の医療費を圧迫することにもなるので、安価に実現できるような技術開発も必要になるかもしれません。

ES細胞とiPS細胞の違い

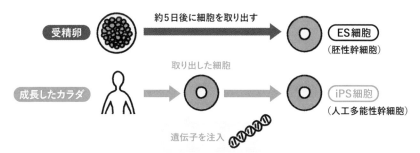

ES細胞は受精後約5日経った受精卵から取り出した細胞。
iPS細胞は人体から取り出した細胞に遺伝子を数種類入れて作るもの。

＼ お役立ちMEMO ／

ES細胞やiPS細胞の使い道は、再生医療だけではありません。遺伝性疾患の患者由来のiPS細胞から神経細胞などを作り、患者のカラダで直接調べるのが難しい細胞の性質などを研究するのに役立っています。また、薬の効果を調べる細胞実験にも使われています。

ブタの臓器を
人間に移植できる
ってホント?

再生医療の大きな目標は、移植できる臓器を作ること。
そのために、ブタの体内で作らせるという方法があります。
本当にできるのでしょうか。

iPS細胞を使えばブタの体内でヒトの臓器を作ることもできる

　ある臓器がどうしても機能しないとき、他の人から臓器を移植してもらうという治療法があります。しかし、臓器を移植してくれる人 (ドナー) は慢性的に不足しているうえに、免疫のタイプが一致しないと拒絶反応が起きるという問題もあり、臓器移植を待っている患者が多くいるのが現実です。

　解決策の1つは、ES細胞やiPS細胞 (➡P.148) を使って小さな臓器を作り、それを大量移植するというアイデアです。肝臓や腎臓などでは小さな臓器ができつつあり、研究が進んでいます。

　これとは別に、ブタの体内で臓器を丸ごと作り、そのまま患者に移植するという研究も進められています。まず、腎臓を作れないようにブタの遺伝子を変え、そのブタの受精卵を使います。そして受精してから数日後にヒトのiPS細胞などを注入します。ブタは腎臓を作れないため、そこを穴埋めするかのようにヒトのiPS細胞が代わりに腎臓を作る、というものです。ブタを使う理由は、臓器の大きさがヒトと同じくらいだからです。

　同じ方法で、ラットの体内でマウスの膵臓を作り、その一部を糖尿病のマ

ウスに移植すると症状を改善できた、という研究成果があります。実用化までにはまだかなりの時間がかかると思われますが、透析を受けている30万人以上の患者にとって福音となるかもしれません。

ブタからヒトへの臓器移植

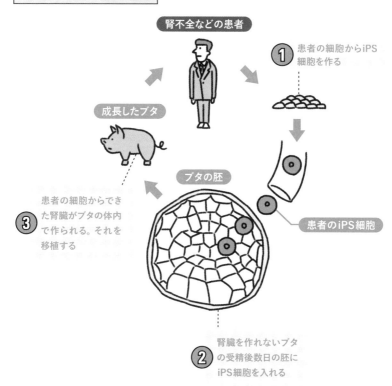

腎不全などの患者

① 患者の細胞からiPS細胞を作る

成長したブタ

③ 患者の細胞からできた腎臓がブタの体内で作られる。それを移植する

ブタの胚

患者のiPS細胞

② 腎臓を作れないブタの受精後数日の胚にiPS細胞を入れる

遺伝子でわかる
ココロの不思議

遺伝子でわかる
カラダの不思議

遺伝子と
人生のこと

遺伝子と
病気のこと

遺伝子でわかる
食の不思議

遺伝子でわかる
生命の不思議

\ お役立ちMEMO /

同じような方法で、ブタに血液を作らせる研究も行われています。災害などで大量に輸血が必要になったときの供給源になると期待されています。

ゲノム編集で
蚊が媒介する感染症を
撲滅できる？

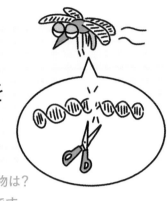

地球上で最も多く人類を殺している生き物は？
実は、人同士でもなく、クマでもなく、蚊です。
正確には、蚊が媒介する感染症です。

すべての蚊をオスにするプロジェクトが進んでいる

　蚊は、日本ではせいぜい夏に血を吸われるくらいの嫌われ者ですが、世界では命に関わる感染症を媒介する生物として恐れられています。特にアフリカでは、マラリアという感染症が多く見られます。マラリア原虫という寄生虫が蚊の中で生きており、蚊が人の血を吸うときに人の体内に侵入して、マラリアを発症します。世界で毎年約40万人が亡くなっている、恐ろしい感染症です。また、2015年頃には、ブラジルなどを中心にジカウイルス感染症が流行しましたが、これも蚊が媒介します。ジカウイルス感染症そのもので亡くなることはまずありませんが、妊婦が感染すると胎児に重い障害が残る可能性があります。

　治療薬やワクチンを開発するという手もありますが、そもそもマラリア原虫やジカウイルスを媒介する蚊がいなければ感染しない、という発想もあります。蚊を一網打尽にするために薬剤噴霧する方法もありますが、遺伝子を使った新しい方法も開発されています。使うのは、ゲノム編集という技術です。ゲノム編集ができる遺伝子を蚊のDNAに組み込み、子孫に必ず特定の遺伝子が受け継がれるようにします。普通の遺伝では、親の遺伝子が子

に伝わる確率は50%ですが、この方法を使うと100%伝えることができます。例えば、必ずオスになる遺伝子を組み込めば、子どもは必ずオスになります。最終的に蚊はオスだらけになり、子孫を残せないために絶滅する、というアイデアです。このアイデアは「遺伝子ドライブ」と呼ばれています。

　遺伝子ドライブは、室内実験では成功していますが、隔離された島で行われた屋外実験ではうまくいかなかったなど、まだ前途多難といったところです。ただ、遺伝子ドライブを活用してマラリア撲滅を目指す「ターゲット・マラリア」プロジェクトに、マイクロソフトの創業者であるビル・ゲイツが出資しているなど、注目されている技術であることはたしかです。

蚊の遺伝子ドライブ

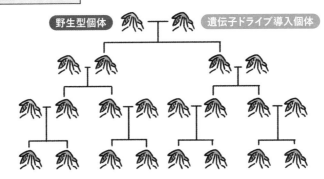

野生型個体　　　　遺伝子ドライブ導入個体

ゲノム編集に必要な遺伝子が入っている蚊ではゲノム編集が行われ、
必ず子どもに編集された遺伝子が伝わるようになる。
いつかは、すべての蚊が編集された遺伝子をもつようになる。

＼ お役立ちMEMO ／

生態系がすべてわかっていないことや生物多様性を考えると、蚊を絶滅させることが本当にいいことなのか、議論を呼んでいるのも事実です。また、人体に有害な毒素を作らせるようにした蚊が実現すれば生物兵器にもなるため、規制の必要性など課題が多くあります。

遺伝子でわかる
ココロの不思議

遺伝子でわかる
カラダの不思議

遺伝子と
人生のこと

遺伝子と
病気のこと

遺伝子でわかる
食の不思議

遺伝子でわかる
生命の不思議

遺伝子研究で未来の医療はどう変わる？

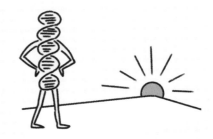

遺伝子の研究が進めば、がんの細胞の遺伝子の違いや
遺伝子の個人差に合わせた医療が可能になります。
それが「オーダーメイド医療」です。

自分だけの治療法が見つかる可能性も

　遺伝子研究で治療法が大きく変わっている病気が、がんです。抗がん剤の中には、DNAコピーを止める作用をもつものがあります。がん細胞は、周りの物質を取り込みやすいので、がん細胞内で抗がん剤の濃度が高くなり、薬としての作用が効きやすくなります。しかし、正常な細胞も抗がん剤を取り込むので、正常な細胞もダメージを受けます。例えば、抗がん剤治療では毛髪が抜けたりします。髪の毛を作る細胞は、細胞分裂や物質の取り込みが盛んなため、抗がん剤の影響を受けて細胞が傷つきやすくなっているからです。

　そこで最近では、別の作用をもつ薬が使われるようになっています。まず、がんは細胞分裂に関わる遺伝子が変化しています（→P.136）。がん細胞の、どの遺伝子が変化したのかを調べ、そこから作られるタンパク質にピンポイントに作用する薬があれば、正常な細胞にはダメージを与えずにがん細胞だけを攻撃できます。例えば、肺がんの一種である肺腺がんでは、EGFR遺伝子が変化しているものもあれば、ALK遺伝子が変化したものもあります。このうち、EGFR遺伝子は、細胞増殖を促すシグナルを送るタンパク質を作

遺伝子でわかる
ココロの不思議

遺伝子でわかる
カラダの不思議

遺伝子と
人生のこと

遺伝子と
病気のこと

遺伝子でわかる
食の不思議

遺伝子でわかる
生命の不思議

ります。EGFR遺伝子が変化して、常に細胞増殖するよう指示を出している
タンパク質に対して、その指示を止めるような薬を使えば、がん細胞だけを
攻撃できます。薬の中でも「ゲフィニチブ（商品名：イレッサ）」は、薬を使う
前に、がん細胞の遺伝子を調べてEGFR遺伝子が変化していることを確認
するようになっています。

　このように、がん細胞の遺伝子に注目することで新しい薬が作られ、効果
的な治療法が今も開発されています。また、薬の効き目は遺伝子の個人差
によって左右される場合もあります（➡ P.126）。遺伝子の違いに注目して、そ
の人に合った医療を提供することは「オーダーメイド医療」と呼ばれており、
遺伝子の研究が進むことで実現が近づくと期待されています。

遺伝子の個性に合わせた医療

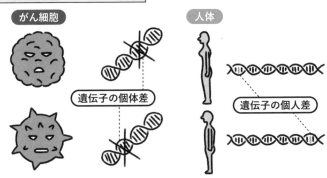

がん細胞　　人体

遺伝子の個体差

遺伝子の個人差

遺伝子の個性に合わせたオーダーメイド医療を
受けられるようになるかもしれない。

\ お役立ちMEMO /

抗がん剤治療ではこれまで、がんのある場所によって薬の種類を変
えていました。最近では、がん細胞の遺伝子を調べ、遺伝子の違い
によって薬の種類を変えることが増えています。また、採血だけでが
ん細胞の遺伝子を調べる方法も開発されています。

P158 野菜や果物の
品種が違うって
どういうこと？

P160 遺伝子で
産地偽装がわかる？

遺伝子でわかる

P170 遺伝子から見た
「自分に合う食事」
って？

P172 遺伝子組換え食品は
どのようにして
作られる？

P162
おいしい、まずい、
人によって
味覚はなぜ違うの？

P164
お酒が飲める、
飲めないは
何で決まるの？

P166
ダイエット遺伝子は
存在する？

食の不思議

P168
なぜ食事は
バランスよく食べる
必要があるの？

P174
ゲノム編集で
栄養豊富な
野菜ができる？

P176
ゲノム編集による
養殖魚が
世界を救う？

食

野菜や果物の
品種が違うって
どういうこと？

スーパーに行くと、同じ野菜や果物でも
いくつもの品種が並んでいます。
そもそも品種とは何でしょうか。

遺伝子の品種差が食感などの違いを生んでいる

　ひと口にジャガイモといっても、メークイン、男爵薯（だんしゃくいも）、キタアカリなどの品種があります。スーパーに並んでいるものだけでも15品種ほどあり、他にもスナック菓子やフライドポテトなど加工食品に使われるものが約7品種、粉状のでんぷんに加工されるものも約10品種あり、合計すると30品種を超えます。品種が違うと見た目や味、食感も違います。メークインは煮崩れしにくいので肉じゃがやカレーによく使いますが、男爵薯はホクホクした食感でコロッケ作りに向いています。この違いは何に由来するのでしょうか。

　メークインは男爵薯よりも、セルロースという成分が多く含まれています。セルロースとは、植物の細胞の外側を覆う「細胞壁」というものの主成分です。セルロースが多くなると、細胞壁が強くなります。つまり、細胞一つひとつがしっかりとした形を維持していることを意味します。メークインが煮崩れしにくいのは、セルロースが多くて細胞が壊れにくいからだと考えられます。また、男爵薯には水溶性のペクチンという成分が多く含まれています。水溶性ペクチンが多いと細胞同士の結着力が弱まり、細胞が離れやすくなりま

す。細胞が崩れることが、男爵薯のホクホクした食感につながると考えられます。このように、ジャガイモに含まれる成分の量の違いによって、見た目や味、食感が変わるのです。これが、品種の違いの正体です。

　なぜ、品種によって成分が違うのでしょうか。生育環境もある程度影響されると思われますが、根本的には遺伝子が違うからです。人間に遺伝子の個人差があるように、ジャガイモにも遺伝子の品種差があります。この違いによって、セルロースや水溶性ペクチンの作られる量が変わり、それが品種の違いとなっています。

成分の違い＝品種の違い

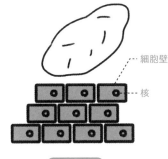

細胞壁

核

メークイン
細胞壁に含まれるセルロースが多くて頑丈。水溶性ペクチンが少ないので煮崩れしにくい

男爵芋
セルロースが少なく、水溶性ペクチンが多いので煮崩れしやすい

\ お役立ちMEMO /

ジャガイモはすべての遺伝子の配列がまだわかっていないため、品種によって具体的にどこの遺伝子が違うのか、すべてがわかっているわけではありません。遺伝子の研究が進めば、遺伝子と品種の関係がより明確になり、品種改良のヒントになると期待されます。

遺伝子でわかるココロの不思議

遺伝子でわかるカラダの不思議

遺伝子と人生のこと

遺伝子と病気のこと

遺伝子でわかる食の不思議

遺伝子でわかる生命の不思議

遺伝子で
産地偽装がわかる？

食材の産地偽装は立派な犯罪ですが、
どうやって見抜くのでしょうか。
ここでも遺伝子が関わっています。

品種別に違う遺伝子の個体差をPCRで調べている

　野菜は国産にこだわりたい、牛肉は〇〇県産のブランド牛がいい、という人は少なくないと思います。しかし私たちには、産地を見分ける手段がありません。食品のパッケージにある表示を信じるしかなく、産地が偽装されていたとしても、それを見抜く方法もありません。しかし、遺伝子を調べれば、産地までわかる可能性もあります。

　人間の遺伝子に個人差があるように、食材も生産国によって遺伝子に個体差があります。生産国によって違う品種を育てているのなら、遺伝子を調べて産地の違いを突き止められます。

　遺伝子を調べる方法の1つがPCRです。そう、新型コロナウイルス感染症の検査方法として一躍有名になったPCRです。PCRは、ある場所の遺伝子だけを10億倍に増やすことができる技術です。調べたいサンプルに含まれるDNAの量がわずかでも、PCRで増やすことで遺伝子を調べることができるようになります。新型コロナウイルスでは、他のコロナウイルスにはない特徴となっている場所を調べます。同じように、品種によって違う場所を

調べれば、どの品種かわかるのです。

　日本では「ブランド米」と呼ばれるように、特定品種のお米の人気が高く、生産者も産地偽装に対して厳しい対策と対応をしています。「コシヒカリ」という品種では、新潟県の農家にだけ種もみが販売されている「コシヒカリBL」という品種にさらに分けることで、新潟県産かそれ以外の産地かどうかが遺伝子でわかるようになっています。また、スーパーで売っているウナギの蒲焼を細かく刻んだものの中に、複数の品種のウナギが混ざっているかどうかもわかります。牛肉や豚肉、サクランボやリンゴも、同じように遺伝子を調べて品種を特定できるようになっています。

PCRで「違い」を調査

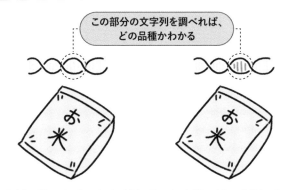

この部分の文字列を調べれば、どの品種かわかる

品種の違いだけでなく、遺伝子から産地の違いも調べられる。

\ お役立ちMEMO /

同じ品種を別の場所で育てたとすれば、遺伝子は同じなので、PCRで産地を区別することはできなくなります。その場合は、産地によって土壌成分が違うことを利用して元素分析すれば、産地を区別できる可能性がかなり高くなります。

遺伝子でわかる
ココロの不思議

遺伝子でわかる
カラダの不思議

遺伝子と
人生のこと

遺伝子と
病気のこと

遺伝子でわかる
食の不思議

遺伝子でわかる
生命の不思議

おいしい、まずい、
人によって
味覚はなぜ違うの？

「蓼食う虫も好き好き」というように
人によって味の好みは千差万別です。
同じ人間なのになぜ違うのでしょうか？

「苦くない」と感じる人は、苦味の感度が低い

　「蓼食う虫も好き好き」ということわざに出てくる「蓼」とは植物の一種で、草全体に辛味があります。蓼虫という虫しか食べないことから、このことわざが生まれたとされています。

　人間も、人によって味の好みがさまざまです。苦い野菜が好きという人もいれば、苦いものはどうしても食べられないという人もいます。実は、苦味の感じ方は人によって異なり、しかもその原因が遺伝子の個人差によるものであることがわかりつつあります。

　苦味の個人差の研究は、なんと1931年にさかのぼります。ある化学メーカーの研究員が、フェニルチオカルバミド（PTC）という粉末を誤ってこぼしてしまい、粉が舞い上がりました。本人は何にも感じなかったのですが、近くにいた同僚は「苦い味がする」と言いました。他の人にも試してみると、年齢や性別に関係なく、PTCを苦いと感じる人と感じない人がいたのです。

　時は流れて2003年、その理由がTAS2R38という遺伝子にあることが判明しました。TAS2R38遺伝子は、舌の細胞の表面で、PTCなどの苦味物質

を受け取るタンパク質を作ります。TAS2R38遺伝子の個人差によって、高感度のタンパク質を作るか、低感度のタンパク質を作るかが決まります。高感度になると苦味に敏感になり、低感度では苦味をあまり感じません。苦い味が好きな人は、もしかしたら苦味が好きというよりは、苦味に対する感度が低く、程よい味であると感じているかもしれません。

味覚が人それぞれである理由

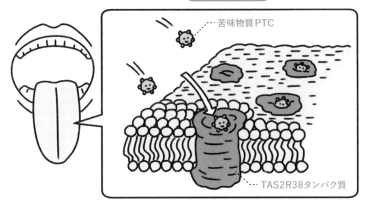

舌の細胞の表面

苦味物質PTC

TAS2R38タンパク質

TAS2R38遺伝子が作るタンパク質が苦味物質を受け取る。
遺伝子の個人差によって感度が変わる。

遺伝子 NEWS　野菜の苦味も遺伝子の個人差で違う!?

最近では、TAS2R38遺伝子の個人差はPTCだけでなく、キャベツやブロッコリーなどの野菜に含まれる苦味成分の感じ方にも関係しているという研究結果もあります。

遺伝子でわかる
ココロの不思議

遺伝子でわかる
カラダの不思議

遺伝子と
人生のこと

遺伝子と
病気のこと

遺伝子でわかる
食の不思議

遺伝子でわかる
生命の不思議

お酒が飲める、
飲めないは
何で決まるの？

お酒をたくさん飲んでも平気な人もいれば、
少し飲んだだけでもフラフラになる人もいます。
カラダの中では何が起きているのでしょうか。

遺伝子の個人差で、お酒の分解能力が変わる

　お酒を飲むと酔うのは、お酒に含まれるアルコール（正確にはエタノール）が脳の神経細胞を麻痺させるからです。エタノールは肝臓で分解されますが、分解できるスピードには限りがあります。肝臓で分解しきれなかったエタノールが血液に流れ、それが脳に届くと「酔った」状態になり、冷静な判断ができなくなります。

　その頃、肝臓ではエタノールが分解され、アセトアルデヒドという物質が作られます。アセトアルデヒドはカラダにとって毒であり、顔が赤くなったり、吐き気や頭痛を引き起こしたりします。アセトアルデヒドは「2型アルデヒド脱水素酵素（ALDH2）」というタンパク質によって、無害な酢酸に分解されます。ところが、ALDH2がアセトアルデヒドを分解できる能力は、ALDH2遺伝子の個人差による1文字違いで決まっています。この違いで、お酒を飲めるかどうかが分かれてしまいます。

　ALDH2遺伝子は、両親から1つずつ受け継いでいます。両方ともお酒を飲めるタイプ（アセトアルデヒドを分解できるタイプ）なら、上戸としてかなり

第2部　気になるあの謎を遺伝子で解く

遺伝子でわかる
ココロの不思議

遺伝子でわかる
カラダの不思議

遺伝子と
人生のこと

遺伝子と
病気のこと

遺伝子でわかる
食の不思議

遺伝子でわかる
生命の不思議

の量のお酒を飲めます。2つのALDH2遺伝子のうち片方だけお酒を飲める
タイプなら、少しだけお酒を飲める体質になります。そして、ALDH2遺伝子
の両方ともお酒が飲めないタイプなら、ほとんどお酒が飲めない下戸となり
ます。日本人の約4%はALDH2遺伝子が両方ともお酒が飲めないタイプ
の下戸なので、無理にお酒をすすめることのないようにしましょう。一方、欧
米人ではALDH2遺伝子が両方ともお酒を飲めるタイプの人が多くいます。
「外国人はやたらお酒をいっぱい飲む」という印象は、ALDH2遺伝子の個
人差によるものです。

お酒が分解されるまで

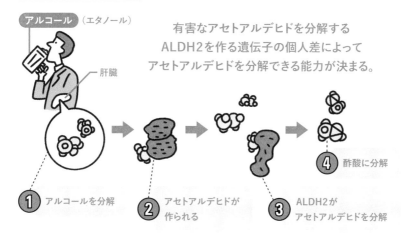

アルコール（エタノール）

肝臓

有害なアセトアルデヒドを分解する
ALDH2を作る遺伝子の個人差によって
アセトアルデヒドを分解できる能力が決まる。

① アルコールを分解

② アセトアルデヒドが
作られる

③ ALDH2が
アセトアルデヒドを分解

④ 酢酸に分解

\ お役立ちMEMO /

「訓練すればお酒を飲めるようになる」という話をよく聞きます。エタ
ノールの分解にはミクロソーム・エタノール酸化系というしくみもあり、
お酒を飲む回数が増えるほどエタノールを分解しやすくなるとされて
います。それでも、ほんの少し飲めるようになる程度です。

ダイエット遺伝子は
存在する?

遺伝子ダイエットという言葉を聞いたことがあるでしょうか。
遺伝子の個人差に注目したダイエット法らしいのですが、
本当に有効なのでしょうか。

脂肪のつきやすさ、つきにくさは調べられる

　遺伝子検査キットの中には、遺伝子で自分の肥満タイプを調べ、ダイエットに活用しましょう、というキャッチコピーのものがあります。

　ある遺伝子検査キットでは、3種類の遺伝子を解析します。脂肪の分解に関わるβ2AR遺伝子、脂肪の分解や燃焼に関わるβ3AR遺伝子、脂肪の燃焼や熱の産生に関わるUCP1遺伝子です。この3つの遺伝子のタイプをもとに、下半身に脂肪がつきやすいタイプか、お腹まわりに脂肪がつきやすいタイプか、タンパク質を食べたときに筋肉がつきやすいタイプか、などを判定します。それをもとに、食事や運動のアドバイスをする、というものです。

　このサービスはどこまで正しいのでしょうか。遺伝子の機能は、完全に解明されているとは言い切れないものの、主要な機能としてはおおむね正しいと思います。遺伝子のタイプごとに分けて体重や体型を調査すれば、脂肪のつき方の違いも傾向が見られるでしょう。その根拠となる学術論文が記載されているレポート（冊子）が存在するので、信頼性は高いと思われます。

　問題は、食事や運動のアドバイスです。科学的に正しいアドバイスを示す

遺伝子でわかる
ココロの不思議

遺伝子でわかる
カラダの不思議

遺伝子と
人生のこと

遺伝子と
病気のこと

遺伝子でわかる
食の不思議

遺伝子でわかる
生命の不思議

のであれば、その遺伝子のタイプをもっている人たちを集め、例えば食事中のタンパク質の量が多いグループと少ないグループに分け、ダイエット効果の違いを証明する必要があります。しかし、それを示した学術論文の記載はないため、そこは想像の範囲に過ぎないと言えます。

　アメリカで行われた試験では、肥満の人を低脂肪ダイエットと低炭水化物ダイエットに分けて12カ月調査しました。もし、遺伝子別ダイエットが有効なら、正しい組み合わせ（例えば、脂肪がつきやすい人は低脂肪ダイエット）で体重が大きく減るはずです。しかし実際には、正しい組み合わせと、正しくない組み合わせの人たちの間で、体重減少に差は見られませんでした。ダイエットに遺伝子の情報は必要ないかもしれません。

脂肪分解・燃焼のしくみに関わる遺伝子

ノルアドレナリン

白色脂肪細胞
（脂肪を多く溜め込んだ細胞）

β3AR遺伝子が作るタンパク質
ノルアドレナリンというホルモンを受け取り、脂肪を燃焼してエネルギーを生み出そうと細胞に指示する

＼ お役立ちMEMO ／

肥満に関係する遺伝子は100種類近くあるとも考えられており、数種類調べただけで肥満に関する体質をすべて明らかにできるのか、という疑問もあります。ただ、食事をしたときに体内でどのように消化されてエネルギーとなり、そのときに遺伝子がどのように関わるのかを知ることであらためて食事やダイエットに関心をもち、モチベーションのアップにつなげることくらいはできそうです。

食

なぜ食事は
バランスよく食べる
必要があるの？

バランスのよい食事が大事とよく聞きますが、
「バランスがよい」とはどういうことでしょうか。
なぜ大事なのでしょうか。

どの栄養素も、生きるために欠かせない

　昔から、バランスのよい食事をとるように言われています。厚生労働省による「日本人の食事摂取基準」(2020年版)では、エネルギー摂取量を占める割合の目標値として、1〜49歳までの男女では炭水化物50〜65%、タンパク質13〜20%、脂質20〜30%としています。この割合は、生活習慣病の発症予防と重症化予防を目的とするものです。

　栄養素が1種類だけで済めば、このような割合やバランスなどを考えなくてもいいのですが、そうもいきません。それぞれの栄養素が体内で果たす役割が全く違うからです。

　炭水化物は直接のエネルギー源となり、体内でブドウ糖にまで分解されます。そして、細胞の中の「ミトコンドリア」という場所でエネルギーが取り出され、「ATP」という物質の中に保存されます。ATPは、筋肉を動かすときなどにエネルギー源として使われます。タンパク質は体内でアミノ酸に分解され、再び別のタンパク質を作るための部品として使われます。遺伝子からタンパク質が作られるとき、アミノ酸は欠かせません。そして脂肪（脂質）は、

エネルギーとして使われるだけでなく、細胞の周りを覆う膜の主成分としても使われます。細胞が生きるために、ひいては私たちが生きるために必要不可欠です。

　炭水化物、タンパク質、脂質は、それぞれ体内で使われる目的が全く異なります。そのため、栄養素がかたよった食事を続けていると体調不良になる可能性が高くなります。炭水化物が少ないとエネルギー不足になって無気力になり、タンパク質が少なければ筋肉量が低下します。他にも、ビタミンやミネラルなど、体内の活動を支える栄養素は多くあります。バランスのよい食事をとることが、健康であり続ける近道なのです。

栄養素は使用目的が異なる

炭水化物
細胞の中にあるミトコンドリアでエネルギーを取り出し、ATPに保管する

ミトコンドリア

タンパク質
タンパク質はアミノ酸に分解され、遺伝子から作られるタンパク質の材料になる

筋肉

脂質
脂肪は細胞膜の材料になる

細胞膜

\ お役立ちMEMO /

最近流行りの「糖質制限ダイエット」。しかし、アメリカで45〜64歳の1万5428人を25年間追跡調査した報告では、糖質（炭水化物から食物繊維を除いたもの）の割合が50〜55％のときに死亡リスクが最も低く、この割合より高くても低くても死亡リスクが上がることがわかりました。糖質制限ダイエットは、長生きのためにはほどほどにしておくのがよさそうです。

遺伝子でわかる
ココロの不思議

遺伝子でわかる
カラダの不思議

遺伝子と
人生のこと

遺伝子と
病気のこと

遺伝子でわかる
食の不思議

遺伝子でわかる
生命の不思議

遺伝子から見た「自分に合う食事」って？

遺伝子が体質と関係するのなら
遺伝子に注目した
「自分に合う食事」があるのでしょうか。

牛乳によるお腹の下しやすさは遺伝子の個人差

　164ページで紹介したように、お酒が飲めるかどうかはALDH2遺伝子の個人差が大きく関わっています。これも広い意味では、遺伝子から見た「自分に合う食事」と言えそうです。他には、牛乳を飲むと下痢を起こしやすい人についても、遺伝子が関係していると考えられています。牛乳には、乳糖という糖類が含まれています。乳糖を分解するタンパク質にラクターゼというものがあり、ラクターゼを作る遺伝子がLCT遺伝子です。LCT遺伝子は大人になると活性レベルが下がり、乳糖を分解しにくくなる人がいます。すると、腸内に乳糖が残りやすくなり、これが下痢や消化不良を起こしているようです。LCT遺伝子にあるrs4988235という名前の個人差が、成長に伴ってラクターゼを活性化できるかどうかに関係しています。ラクターゼを活性化できない人は、牛乳を飲むと乳糖が腸内に多く溜まります。すると、カラダは余分なものを薄めようとして腸に水を溜めるようになり、下痢や消化不良になる、ということです。

　牛乳にはカルシウムが豊富に含まれているので、できれば飲んでほしい

第2部　気になるあの謎を遺伝子で解く

遺伝子でわかる
ココロの不思議

遺伝子でわかる
カラダの不思議

遺伝子と
人生のこと

遺伝子と
病気のこと

遺伝子でわかる
食の不思議

遺伝子でわかる
生命の不思議

ところですが、体調を崩してしまうのは本末転倒です。牛乳が飲めない、あるいは苦手という人は、代わりにヨーグルトやチーズを食べると、カルシウムを補うことができます。ヨーグルトやチーズでは、製造過程ですでに乳糖が分解されているので、LCT遺伝子に関係なく食べられます。

　なお、乳糖を分解しにくい人は、日本を含めたアジア人に多いようです。昔は牛乳を飲む習慣がほとんどなく、乳糖を分解できる遺伝子があるかどうかは生存に関係なかったためと考えられます。一方、伝統的に牧畜が盛んな北ヨーロッパでは、ミルクを飲む習慣が昔からあったためか、大人でも乳糖を分解できる人が多くいます。

乳糖分解のしくみ

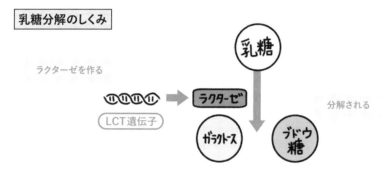

乳糖はラクターゼによってガラクトースとブドウ糖に分解され、
それぞれ小腸で吸収される。
ラクターゼの活性が低いと下痢になりやすい。

\ お役立ちMEMO /

最近では、腸内細菌も関わっていると考えられています。腸内細菌が乳糖を分解したときに発生するガスがうまく体外に排出されないことが腹痛の原因の1つではないか、というものです。腸内細菌を改善して腸環境を整えると、牛乳が飲めるようになるかもしれません。

遺伝子組換え食品は
どのようにして
作られる？

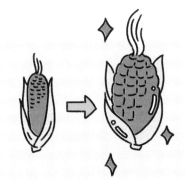

食品のパッケージを見ると
「遺伝子組換え」という表示をよく見ます。
ここでは遺伝子組換えについて解説します。

別の生物の遺伝子を組み込んでいる

　遺伝子組換えとは、ある生物のDNAの中に、別の生物の遺伝子を入れることです。遺伝子を入れるときに、専門用語で「組換え」という現象が起きることを応用したもので、農作物として育っているときには「遺伝子組換え作物」、食べられる状態になったものは「遺伝子組換え食品」と呼ばれます。

　例えば、海外で栽培されている遺伝子組換え作物に「ゴールデンライス」があります。ビタミンAの原料となるβ-カロテンをお米のところに多く含む品種です。世界を見渡すと1日あたり約2000人の子どもがビタミンA不足により亡くなっていると推定されています。お米は特にアジアでは主食なので、ゴールデンライスを食べることで、ビタミンAのもととなるβ-カロテンを摂取してビタミンA不足を解決しよう、というものです。

　ゴールデンライスでβ-カロテンを作るために組み込まれた遺伝子は、スイセンと細菌がもっているものです。別の生物の遺伝子が入ることは、自然界ではまずあり得ないことなので、生態系に影響を与えないか、各国で厳しい審査を受けないと栽培や販売ができません。日本では、ゴールデンライス

遺伝子でわかる
ココロの不思議

遺伝子でわかる
カラダの不思議

遺伝子と
人生のこと

遺伝子と
病気のこと

遺伝子でわかる
食の不思議

遺伝子でわかる
生命の不思議

はまだ承認されていません。国内ですでに承認されている遺伝子組換え作物は、トウモロコシ、ダイズ、セイヨウナタネ、ワタ、パパイヤ、テンサイ、ジャガイモ、アルファルファの8種類です。

　食品のパッケージを見ると「遺伝子組換えではない」とあるように、遺伝子組換え食品を直接食べる機会はあまりないかもしれません。しかし、食用油や畜産動物の餌のために遺伝子組換えダイズやトウモロコシなどが多く輸入されており、すでにお世話になっていると言っていい状況です。

ゴールデンライスの遺伝子組換えのしくみ

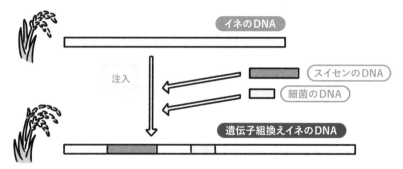

イネのDNA

スイセンのDNA
細菌のDNA

注入

遺伝子組換えイネのDNA

別の生物の遺伝子を入れたのが遺伝子組換え作物。

＼ お役立ちMEMO ／

遺伝子組換え技術は、スギ花粉症を治すお米を開発するためにも使われています。「スギ花粉症緩和米」というもので、お米の中に、スギ花粉がもつタンパク質を作る遺伝子を入れ込んだものです。「このタンパク質（スギ花粉がもつタンパク質）は無害だからアレルギー反応を起こさなくてもいいよ」と免疫に覚えさせるという方法です。

ゲノム編集で栄養豊富な野菜ができる?

遺伝子を書き換えるゲノム編集という方法を使って
栄養豊富な野菜を作る研究があります。
どうやって作るのでしょうか。

遺伝子を編集して栄養を多く生み出せるようにする

　前項で解説した遺伝子組換えは、別の生物の遺伝子を取り入れる方法です。しかし最近、外から遺伝子を入れるのではなく、もともともっている遺伝子を少しだけ書き換える技術が登場しました。ゲノム編集という方法です。ゲノム編集は、遺伝子を1つだけ機能しないようにする、または強くしたり弱くしたりすることができます(➡P.38)。

　人工的に遺伝子を変えてもいいのか、と思われるかもしれません。しかし、農作物の品種改良は、人間にとって便利なように遺伝子が変わったものを選別することです。昔の人は、遺伝するという現象は経験的に知っていましたが、遺伝子のことはもちろん知りません。現在の普通の品種改良では、どの遺伝子が変わっているかまで確かめることはあまりありません。表面上の特徴に注目して、異なる品種を掛け合わせて新しい品種を作ります。

　ゲノム編集は、どの遺伝子をどう変えるかに着目した品種改良の方法です。

　すでに実用化されたのが、GABAという栄養素を豊富に含むトマトです。GABAは、血圧上昇を抑えたり、リラックス効果をもたらしたりする作用があ

遺伝子でわかる
ココロの不思議

遺伝子でわかる
カラダの不思議

遺伝子と
人生のこと

遺伝子と
病気のこと

遺伝子でわかる
食の不思議

遺伝子でわかる
生命の不思議

ります。トマトにはGABAを作る遺伝子があるのですが、普段はGABAを作らないようにブレーキがかかったような状態となっています。そのブレーキ部分をゲノム編集でなくすことで、GABAを多く作るようになります。通常のトマトよりもGABAの量は5倍多いとのことです。日本の大学とベンチャー企業が共同で開発したもので、2021年9月からネット通販で購入できるようになりました。

ゲノム編集とは

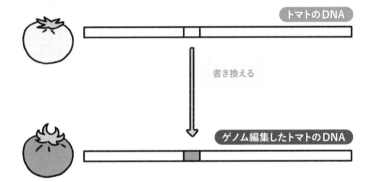

トマトのDNA

書き換える

ゲノム編集したトマトのDNA

ゲノム編集は、別の生物の遺伝子を入れずに、
もともとある遺伝子の一部だけを変えることができる。
その方法でトマトのGABAを増やすことができる。

遺伝子

NEWS ゲノムを編集すれば毒消しも可能！？

栄養豊富なだけでなく、食中毒を引き起こす毒をなくすこともできると考えられています。例えば、ジャガイモの芽や、緑の皮に含まれる「ソラニン」という毒を作らないようにゲノム編集をするという研究が進められています。

食

ゲノム編集による
養殖魚が
世界を救う?

ゲノム編集を使えば、
栄養豊富な野菜を作るだけでなく、
肉厚な魚を作ることもできるようです。

筋肉量を自在に操れるようになる?

　野菜(植物)でゲノム編集ができるのなら、水産物や畜産物にもゲノム編集ができるはずです。すでに研究レベルでは、身が多い魚や、赤身が多い牛が誕生しています。

　筋肉を作るときに関わる遺伝子であるミオスタチンは、必要以上に筋肉を作らないようにブレーキの役割を果たしています。もし、ミオスタチンが機能しなくなれば、ブレーキが利かなくなり、筋肉質なカラダになると想像できます。そして実際に、ゲノム編集によってマダイでミオスタチン遺伝子が機能しないように書き換えると、カラダの幅が1.5倍になるほど肉厚になります。日本では、大学とベンチャー企業が開発したゲノム編集マダイがクラウドファンディング応募者向けに2020年10月から販売開始されました。

　このように水産物などにゲノム編集を行って、栄養価を高くしたり、より多くの量をとれるようにしたり、おいしいものを作ったりできるようになると考えられます。そうすると、将来の食料問題を解決できるかもしれません。人口が100億人を超えた未来で、100億人をまかなえるような量の食料をどう

遺伝子でわかる
ココロの不思議

遺伝子でわかる
カラダの不思議

遺伝子と
人生のこと

遺伝子と
病気のこと

遺伝子でわかる
食の不思議

遺伝子でわかる
生命の不思議

やって生産すればよいのかという課題があります。効率を上げるだけでなく、雨があまり降らないようなところや、海に近くて潮風が当たるようなところでも育つような作物の開発にも期待が寄せられています。こうした課題を解決するために、ゲノム編集が使えるのではないかとされています。

　なお、日本の規制では、遺伝子の一部がなくなるようなゲノム編集は自然界でも起こりうるとして、遺伝子組換えではないとみなしています。ただし、ゲノム編集で狙った場所以外の遺伝子が変わっていないか、有害物質ができていないかなどを確認したうえで、販売前に厚生労働省に事前相談する手続きがあります。そこで遺伝子組換えではないと判断されれば、販売前の審査は必要なく、厚生労働省への届出と生産者のウェブサイトにおける情報提供のみで販売できます。

筋肉成長のブレーキを外す

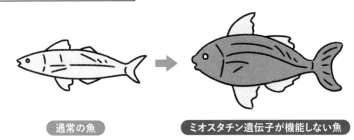

通常の魚　　　ミオスタチン遺伝子が機能しない魚

ミオスタチン遺伝子が機能しないと筋肉が成長し続け、
何もしなくてもカラダの幅が1.5倍に厚くなる。

＼ お役立ちMEMO ／

ミオスタチン遺伝子が機能しない人間は、まれに存在します。子どもの頃から何もしなくても、腹筋が割れるほどの筋肉を作ります。

遺伝子でわかる

生命の不思議

人はもともと
魚だった？

地球は多様な生物であふれていますが、
一体どこからやってきたのでしょうか。
生物の歴史をおさらいします。

ヒトはもとをたどれば海に生息する生物

　みなさんはどこからともなくやってきたのではなく、必ず産みの母親から生まれてきました。その母親も、祖母から生まれてきました。これをくり返していくと、果たしてどこにたどり着くのでしょうか。数百万年前にさかのぼれば最初の人類の姿になり、数千万年前になればネズミくらいの小さなほ乳類になります。では、その前はどうだったのでしょうか。

　地球上の生物がどのように進化してきたのかの道筋を描いた図を「系統樹」と言います。地球上の多くの生物のグループについて系統樹が描かれていますが、ここでは脊椎動物の系統樹を紹介します。脊椎動物とは、文字通り脊椎（背骨）をもつ生物のことです。大きく分けて、魚類、両生類、は虫類、鳥類、ほ乳類の5つのグループがあります。簡単に言えば、最初に魚類が誕生し、その後に両生類が登場しました。次に、は虫類が現れ、は虫類から鳥類に進化しました。それとは別のルートとして、は虫類からほ乳類が誕生しました。

　進化のわかりやすいイラストとして、「魚類、両生類、は虫類、鳥類、ほ乳

第2部 気になるあの謎を遺伝子で解く

遺伝子でわかる ココロの不思議

遺伝子でわかる カラダの不思議

遺伝子と 人生のこと

遺伝子と 病気のこと

遺伝子でわかる 食の不思議

遺伝子でわかる 生命の不思議

類」を一直線上に描いたものがありますが、「現在の魚類からほ乳類に進化する可能性がある」というわけではないことに注意してください。例えば、今存在するチンパンジーがヒトに進化したのではありません。**チンパンジーとヒトの共通祖先がいて、あるときに分岐してチンパンジーとヒトに「分かれた」と表現するのが正解です。**今のチンパンジーが数百万年後にヒトになることはありません。

ヒトは、もとをたどれば海に生息する生物であるのは確かですが、今の魚類のように立派なヒレをもっていたのではありません。人間と魚類の共通祖先として、現在生息する魚類の中で最も似ているものを挙げるなら、ウナギのような見た目であごがない「ヌタウナギ」になります。

系統樹で見る生物の進化

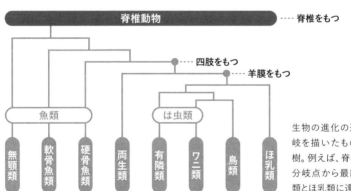

生物の進化の道筋や分岐を描いたものが系統樹。例えば、脊椎動物の分岐点から最終的に魚類とほ乳類に達する

＼ お役立ちMEMO ／

系統樹は、以前はカラダの構造が似ているかどうかで作られていましたが、最近では遺伝子が近い（ゲノムが似ている）かどうかで作ることが増えてきました。遺伝子がどれくらい近いかどうかで、進化の歴史をたどることができるのです。

人もネズミも 遺伝子の数は たいして変わらない

ヒトの遺伝子は約2万種類ですが、
ネズミはどれくらいだと思いますか?
実は、それほど変わりません。

ヒトとマウスの遺伝子は85%くらい同じ

ヒトには約2万種類の遺伝子があります（➡ P.26）。1990年代までは10万種類くらいと推定されていましたが、ゲノムを隅々まで読み込むという世界的プロジェクトの結果、想像よりもかなり少ない約2万種類ということが2000年になってわかりました。この数字は、ハツカネズミ（マウス）とほとんど変わりません。

ヒトとマウスとでは、大きさも知能も全く違いますが、遺伝子の種類に限ればほとんど同じということになります。遺伝情報全体のゲノムで比べれば、ヒトとマウスは85%くらい共通しています。つまり、マウスの遺伝子を知ることは、ヒトの遺伝子を知ることとほとんど同じ意味になります。

よく、ニュースなどで「マウスを使って〇〇の遺伝子の機能がわかった」とか、「□□のタンパク質が病気に関わっていることがわかった」ということを見聞きします。マウスとヒトでは見た目が全然違うから、マウスで研究しても意味ないのではないか、と考える人がいるかもしれません。しかし、両者の遺伝子はかなり似ているので、マウスでわかったことは、ヒトにも応用でき

第2部　気になるあの謎を遺伝子で解く

遺伝子でわかる　ココロの不思議

遺伝子でわかる　カラダの不思議

遺伝子と　人生のこと

遺伝子と　病気のこと

遺伝子でわかる　食の不思議

遺伝子でわかる　生命の不思議

る可能性が高いのです。

　もちろん、マウスで起きていることが100%ヒトでも完全に当てはまるとは限りませんが、大きなヒントになることは確かです。特に病気のメカニズムを解明したり、治療法を考えたりするときには、いきなり人間で試すわけにはいきません。そこで、遺伝子を書き換えて人間の病気を再現したり、薬の候補を探したりする研究も行われています。人間の病気を再現したマウスのことを「モデルマウス」といい、研究では欠かせない存在となっています。

ヒトとマウスの遺伝子は85%くらい同じ

ヒトとマウスのカラダのしくみは
似ていると考えられている

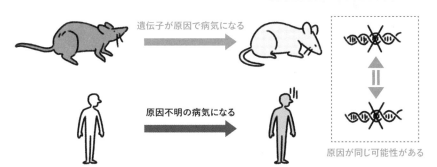

遺伝子が原因で病気になる

原因不明の病気になる

原因が同じ可能性がある

マウスで、ある遺伝子が原因で病気になったら、
ヒトで同じ病気の原因は同じ遺伝子である可能性が高い。
その病気を治したい場合、遺伝子を変えなくても、
その遺伝子から作られるタンパク質の機能を変えるような薬があれば、
病気を治すことができる。

＼ お役立ちMEMO ／

モデルマウスは、遺伝子が原因のもの以外にもいます。脂肪分の多いエサを食べ過ぎたことによる肥満や、ストレスを与えることによるうつ病など、さまざまな病気のモデルマウスがいます。

生命はどのように
進化した？

地球に生命が誕生したのは、38億年以上前。
長い時間をかけて
生命はどのように進化してきたのでしょうか。

環境に有利な生物だけが生き残ってきたと考えられてきた

　最初の生命は、海の中で誕生したと考えられています（➡ P.180）。1つの細胞だけで生きる単細胞生物でしたが、やがて多くの細胞からなる多細胞生物が生まれ、バリエーション豊かな生命が地球を覆うようになります。生物の見た目や機能が、世代を経ていく中で変化していくことを「進化」と言います。

　進化という考えを大きく広めたのが、チャールズ・ダーウィンです。ダーウィン以前は、地球上のあらゆる生物は神によって創造されたものだと信じられていました。しかし、ダーウィンが1859年に書いた『種の起源』という本の中で、進化の考えを述べました。ダーウィンは、博物学者として南アメリカの動植物を観察する機会に恵まれていました。ダーウィンが進化論の着想を得るきっかけとなったのは、エクアドル領のガラパゴス諸島に生息する、フィンチという小鳥です。島ごとに少しずつくちばしが異なり、他の特徴や習性も違っていたのです。

　ダーウィンが考えたことは、まず、子どもが生まれるときにほんのわずかですが、親とは違う特徴をもつとします。その特徴が、もし、島の環境で生き

第2部　気になるあの謎を遺伝子で解く

遺伝子でわかる
ココロの不思議

遺伝子でわかる
カラダの不思議

遺伝子と
人生のこと

遺伝子と
病気のこと

遺伝子でわかる
食の不思議

遺伝子でわかる
生命の不思議

るうえで有利なら、生き残りやすくなります。すると、子孫が多く生まれ、その特徴は世代を経るごとに広まります。しかし、生存に不利な特徴なら、死んでしまって子孫を残せなくなります。これが何世代も経ることで、環境に有利なものだけが生き残ると、ダーウィンは考えました。これが、自然淘汰という現象であり、進化を説明する1つの要因であると考えられています。ダーウィンが生きていた当時は、遺伝子やDNAという考え方はありませんでしたが、子どもが生まれるときにDNAがわずかに変化しているのは事実です。その変化によって遺伝子が変わり、見た目やカラダの機能が変わったとき、自然淘汰の影響を受けるのです。

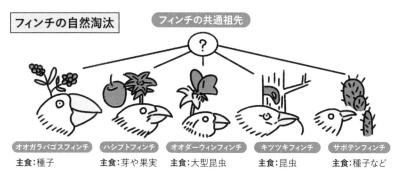

フィンチの自然淘汰

フィンチの共通祖先

オオガラパゴスフィンチ	ハシブトフィンチ	オオダーウィンフィンチ	キツツキフィンチ	サボテンフィンチ
主食：種子	主食：芽や果実	主食：大型昆虫	主食：昆虫	主食：種子など

最初は1種類だったフィンチ。島の環境に有利な変化が起きたものが生き残り、島ごとに違う種類となった

＼ お役立ちMEMO ／

ダーウィンは、環境に有利な生物「だけ」が生き残ると考えましたが、現実には必ずしもそうとは限りません。日本の集団遺伝学者である木村資生は、生存に有利でも不利でもない中立的な変化も、運がよければ生き残って集団内で広がるという「中立説」を提唱しました。「生物の見た目や機能には必ず意味がある」と考えがちですが、「意味がなくても、生存に不利でなければ生き残る可能性がある」ということです。中立説は、現在では広く認められています。

なぜ三毛猫は
メスばかりなの？

不思議な魅力を感じる三毛猫。
実は99.9％はメスです。
ここにも遺伝子が関係します。

X染色体の数に秘密があった

　普通の猫は、パッと見たときにオスかメスか区別するのはまず不可能です。しかし三毛猫に関しては、メスと答えれば99.9％正解です。これには、遺伝子との複雑な関係があります。

　三毛猫の毛色とパターンを決める遺伝子は全部で9種類ありますが、ここではメインの遺伝子を紹介します。まず、カラダ全体を白一色とするか、白に加えて他の毛色も使うかを決める遺伝子があります。次に、まだら模様にするかどうかの遺伝子があります。

　そして、ここからが重要なところです。茶色にするか黒にするかを決める遺伝子は、性別に関係するX染色体にあります。しかも、1本のX染色体にはどちらかの遺伝子しかありません。メスの性染色体はXXで2本あるので、1本が茶色、もう1本が黒にする遺伝子であれば、茶色と黒の毛を作ることができます。この2色を作る遺伝子と、「白一色にしない遺伝子」と、「まだら模様にする遺伝子」があって、ようやく三毛猫が誕生します。

　一方、オスの性染色体はXYの組み合わせなので、X染色体は1本しかあ

りません。つまり、茶色にする遺伝子か、黒にする遺伝子か、どちらか一方しかありません。そのため、オスは「白と茶色」か「白と黒」の2色しかできないことになります。

　では、三毛猫の性別当てクイズで、0.1％の確率で外れるオスはなぜいるのでしょうか。100ページで紹介した卵子・精子の老化のように、卵子や精子ができるときに性染色体が正しく分離できず、受精卵がXXYになる場合があります。2本のX染色体で茶色と黒にする遺伝子があり、Y染色体でオスにする遺伝子があると、三毛猫のオスが誕生します。XXYになる現象は人間にもあり、手足が長く不妊になるクラインフェルター症候群というものがあります。この病気も、男性で1000人に1人の割合でいると推定されています。

三毛猫にメスが多い理由

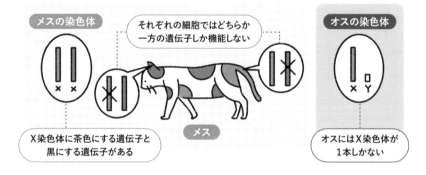

メスの染色体

それぞれの細胞ではどちらか一方の遺伝子しか機能しない

オスの染色体

X染色体に茶色にする遺伝子と黒にする遺伝子がある

メス

オスにはX染色体が1本しかない

＼ お役立ちMEMO ／

三毛猫で3色になるかどうかは遺伝子で決まりますが、どんな模様になるかは完全にランダムです。生まれる前の早い段階で、どの細胞で茶色にするか黒にするかが偶然によって決まります。そのため、三毛猫のクローンを作ったとしても、模様まではコピーされません。

遺伝子でわかる　ココロの不思議

遺伝子でわかる　カラダの不思議

遺伝子と　人生のこと

遺伝子と　病気のこと

遺伝子でわかる　食の不思議

遺伝子でわかる　生命の不思議

魚は性別を
自在に操る?

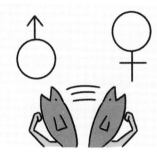

魚類ではオスとメスが切り替わる
「性転換」という現象が珍しくありません。
そんなに簡単に性別を変えられるのでしょうか。

約400種類の魚が性転換を行うことがわかっている

　映画『ファインディング・ニモ』に登場するのは、カクレクマノミのニモです。カクレクマノミは、性転換する魚としても知られています。イソギンチャクの中に隠れて群れで暮らしているのですが、群れの中で一番体格が大きいのがメス、2番目に大きいのがオスです。その他の個体はオスでもメスでもなく、精巣も卵巣も発達しておらず、性的に未熟な状態です。一番大きいメスがいなくなると、2番目に大きかったオスがメスになり、3番目に大きい未熟な個体がオスになります。2番目に大きいオスがいなくなっても、3番目の大きさの個体がオスになります。これとは逆に、メスからオスに性転換する魚もいます（ホンソメワケベラなど）。

　途中で性別が変わるなんて信じられないのですが、約3万種類いる魚類のうち、わかっているだけでも約400種類が性転換を行います。性転換を行う魚は、周りの環境に影響されているようです。カクレクマノミやホンソメワケベラは、自分が一番大きいかどうかを何らかの方法で感じ取っているのは確かですが、そのしくみはほとんどわかっていません。また、金魚のように、

第2部　気になるあの謎を遺伝子で解く

遺伝子でわかる
ココロの不思議

遺伝子でわかる
カラダの不思議

遺伝子と
人生のこと

遺伝子と
病気のこと

遺伝子でわかる
食の不思議

遺伝子でわかる
生命の不思議

稚魚のときに水温が高いとメスでもオスになる個体がいます。

　性転換するときには、卵巣や精巣が新しく作られるので、遺伝子も何らかの形で関わっているはずです。最近、ブルーヘッドという魚の性転換に関する発見がありました。ブルーヘッドは、1匹のオスが複数のメスと一緒に暮らすハーレムを作っています。オスがいなくなると、一番大きいメスがわずか10日でオスになります。このとき、一番大きいメスは、オスがいないことでストレスを感じ、コルチゾールというホルモンが分泌されます。すると、他のホルモンや遺伝子を介して、女性ホルモンであるエストロゲンが少なくなり、メスに関係する遺伝子の機能が弱くなります。こうしてオスに性転換すると考えられています。

カクレクマノミが性転換するしくみ

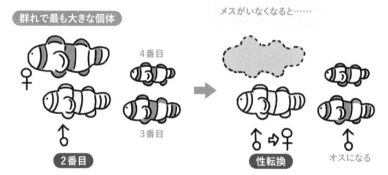

群れで最も大きな個体　　　　　　　　　　メスがいなくなると……

4番目

3番目

2番目　　　　　　　　　　　　　　　性転換　　　オスになる

群れの中で最も大きいメスがいなくなると、
2番目に大きいオスがメスに性転換する。

＼ お役立ちMEMO ／

カクレクマノミは一生をイソギンチャクの中で過ごすので、もし同性だけが集まったら子孫を残せなくなります。性別を変えられるという柔軟性によって、子どもを残しやすいメリットがあると考えられています。

植物も近親結婚を
禁止している?

人間社会では、近親結婚は法律で禁止されていますが、
植物にも似たようなシステムがあります。
どのようなしくみなのでしょうか。

植物には2つの受粉方法がある

　人間を含む動物は、精子と卵子が受精して子どもが生まれます。似たような子孫の作り方は植物もやっています。おしべにある花粉がめしべの先端につくことを「受粉」と言います。ただ、実際には、受粉だけで子孫は残せません。受粉してから、花粉はめしべの中に管を伸ばし、精子に相当する「精細胞」を送ります。めしべの根元の中には、卵子に相当する「卵細胞」があります。精細胞と卵細胞が合体することが受精であり、合体した細胞が次の世代の植物体になります。

　植物では、自分の花粉が自分のめしべに受粉して子孫を残すことを「自家受粉」、他の個体の花粉が受粉することを「他家受粉」と言います。どちらの方法を取るかは、植物によって異なります。自家受粉のメリットは、簡単に受粉できることです。1年草の植物は、他の個体と出会える可能性が低いので、自家受粉を採用している植物が多いようです。ただし、他の個体の遺伝子がやってこないので、遺伝子の多様性が欠けてしまうデメリットがあります。

　一方、他家受粉は、遺伝子の多様性が広がり、種全体として生き残りやす

くなりますが、自家受粉しない工夫が必要です。めしべに最も近いのは、自分の花粉です。自家受粉を避けるために、花粉を飛ばすタイミングと、めしべが成熟する時期をずらしたり、めしべを高くしたりしています。そして、遺伝子の性質を活用した方法が、自家不和合性というものです。花粉の表面で目印となるタンパク質と、そのタンパク質をめしべの先端で受け取るタンパク質の遺伝子のタイプが一致していると、花粉が管を伸ばせないようになっているのです。違う遺伝子のタイプ、つまり違う個体の花粉が受粉したときだけ、花粉が管を伸ばせるように許可しています。

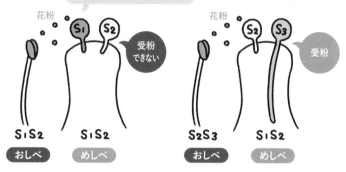

自家受粉に関係する遺伝子が「S遺伝子」。
S遺伝子のタイプ（ここではS1、S2、S3）が同じだと、
自分の花粉はもちろんのこと、他の個体の花粉も受粉できない。

\ お役立ちMEMO /

春になるとサクラが満開になりますが、そこでサクラの種を見たという人はいないでしょう。よく見るサクラはソメイヨシノという品種のクローンで、すべて同じ遺伝子をもっています。そのため、自家受粉しないだけでなく、近くのソメイヨシノ同士でも受粉できません。

遺伝子でわかる　ココロの不思議

遺伝子でわかる　カラダの不思議

遺伝子と　人生のこと

遺伝子と　病気のこと

遺伝子でわかる　食の不思議

遺伝子でわかる　生命の不思議

死なない生き物は
存在する？

誰もが死にたくないと願っていますが、
「死なない」ことは可能なのでしょうか。
そんな生物はいるのでしょうか。

「死なない」はやはり夢物語

106ページで紹介したように、人間には寿命があり、永遠の命は夢物語です。なぜなら、細胞分裂の回数を決めている「テロメア」というものがDNAにあるからです。テロメアは人間だけでなく、他の多くの生物ももっています。そのため、不死という生物は存在しないと考えるのが妥当です。

不死とまでは言いませんが、死ににくい、いわば「防御力が異様に高い」生物はいます。クマムシという生物です。体長が0.1〜1.0ミリメートルで、4対8本のあしがあります。「ムシ」という名前がついていますが、昆虫ではなく、しいて言えばクモやダンゴムシに近いと考えられています。クマムシの驚異的な生命力を感じさせるものに、乾燥があります。周りに水がなかったら、乾眠という脱水状態になり、生命活動がほとんどストップします。そして、乾眠状態のクマムシに水を与えると復活します。乾眠状態のクマムシはほぼ不死の存在で、マイナス273℃から100℃の温度でも生き延びることができます。それだけでなく、真空中や7万5000気圧でも平気で、放射線も通用しません。放射線に対する防御には、DNAを保護する「Dsup」という

第2部　気になるあの謎を遺伝子で解く

遺伝子でわかる
ココロの不思議

遺伝子でわかる
カラダの不思議

遺伝子と
人生のこと

遺伝子と
病気のこと

遺伝子でわかる
食の不思議

遺伝子でわかる
生命の不思議

タンパク質を作る遺伝子が関わっていることが最近わかってきました。放射線はDNAを切断する性質があるのですが、Dsupタンパク質は放射線によるDNA切断を抑える機能があります。Dsup遺伝子をヒトの培養細胞に入れても同じ効果を発揮します。乾燥耐性に関係する他の遺伝子や機能がわかれば、食料の保存や移植用の臓器や細胞の乾燥保存にも応用できるかもしれません。

　ただし、乾眠状態で防御力が高いだけであって、普通の状態なら熱で簡単に死んでしまうし、他の生物に食べられることもあります。一時的に死ににくい状態になるだけであって、やはり死ぬことは避けられません。

クマムシの防御力の秘密

乾燥・脱水
給水・復帰

通常の状態　　　　　　　　　　　　乾眠状態

クマムシは乾眠状態になると高温・低温・真空・高圧・放射線に耐えられる。
しかし、通常状態では
普通の生物と同じように、ちょっとしたことで死んでしまう。

\ お役立ちMEMO /

人間のカラダでは、一部の細胞が死んでも、私たちが生きていくうえではほとんど影響はありません。この考えをさらにスケールアップすると、生物一つひとつには寿命があって死んでも、そのぶん新しい生物が生まれており、地球上の生命全体としてはずっと生き続けていることになります。地球上のすべての生命を1つの生命体とみなせば、この生命体は一度も死んだことがない（生物が完全に絶滅したことがない）ことになります。

タンパク質は
どんな形？

DNAがRNAにコピーされ、
そこからタンパク質が作られます。
タンパク質はどのような形をしているのでしょうか。

タンパク質は変幻自在

　ここまで、人間を含めた生物にはいろいろな遺伝子があり、そこから作られるタンパク質が体内でいろいろなはたらきをしていることを紹介してきました。あるタンパク質は細胞の表面にあって細胞の外にある分子をキャッチしたり、あるタンパク質は赤血球の中で酸素を運んだり、その役割はさまざまです。では、タンパク質はどんな形をしているのでしょうか。

　例えば、細胞の中で「微小管」というレールに沿って分子を運ぶタンパク質である「キネシン」は2本足のような形をしていて、歩くように動きます。細胞の外にある分子をキャッチする「受容体」という種類のタンパク質は、ポケットのような穴をもっています。赤血球の中にあるヘモグロビンは、かなり折り畳まれた構造をしています。細胞分裂のときにDNAをコピーするDNA合成酵素は、ちょうどDNAを挟むような形です。このように、タンパク質の形はバラバラです。目的に合わせて形が最適化された結果とも言えます。研究者の中には、タンパク質のことを「ナノマシン」と表現する人がいるほど、形も機能もさまざまです。

　タンパク質は小さすぎて目視できないので、特別な実験によって形を確かめることになります。タンパク質の形はDNAの文字の並びによって決まると考えられていますが、現在はDNAの情報だけでタンパク質の形がわからず、一つひとつ形を調べることも研究分野となっています。

いろいろなタンパク質の形

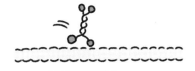

キネシンは歩く

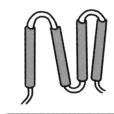

受容体にはポケットがある

ヘモグロビンは折り重なっている

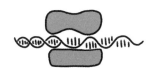

DNA合成酵素はDNAを挟んでDNAを作る

タンパク質はそれぞれ機能や目的に合った形をしている。
DNAの文字の並びによって形が決まると考えられている。

\ お役立ちMEMO /

最近は人工知能（AI）の発展が著しく、その影響はタンパク質研究にも及んでいます。2021年、Googleの関連会社であるDeepMindという会社がAIを使って、DNAからタンパク質の形を予測するプログラム「AlphaFold2」を開発しました。AlphaFold2はタンパク質研究や薬作りを加速させるのではないかと期待されています。

遺伝子と生命は
人工的に
作ることができる？

遺伝子を自由に扱えるようになった現代、
遺伝子を人工的に組み合わせて
思い通りの生命を作ることはできるのでしょうか。

まずは「生命」を解明するところから

　20世紀の後半になってから遺伝子や細胞の研究は大きく進み、遺伝子について多くのことがわかってきたのは事実です。この本では、研究成果のほんの一部を紹介しているに過ぎません。

　しかし、人類が遺伝子のことや細胞のこと、そして生命そのものを本当に理解しているかというと、そこにたどり着くにはまだ道のりが長いのも事実です。そのことを端的に表現した言葉があります。20世紀に数多くの業績をあげた物理学者リチャード・ファインマンが残した言葉です。

　「自分では作れないものを、私は理解していない」

　作れないものは、わかったうちに入らない、という意味です。車がなぜ動くのかわかっているのは、車の作り方を知っているからです。細胞のこと、生命のことを理解しようとするなら、細胞や生命をイチから作るのがよい、ということです。

　遺伝子を作るDNAについては、人工的に作ることができるようになっています。さすがにヒトの全ゲノムである30億文字を作るにはまだまだですが、

遺伝子でわかる
ココロの不思議

遺伝子でわかる
カラダの不思議

遺伝子と
人生のこと

遺伝子と
病気のこと

遺伝子でわかる
食の不思議

遺伝子でわかる
生命の不思議

2010年に約100万文字を作ったという実績はあります。マイコプラズマという細菌のDNA約100万文字をすべて人工的に作り、DNAを取り除いた細胞膜の中に入れたら細胞が増殖した、つまり「生きた」というわけです。

　別の方法を考えてみましょう。「生きるために必要なものは何か?」という疑問への答えとしては、「最低限これだけの遺伝子さえあればいい」というものになります。ある研究グループは、細菌がもつさまざまな遺伝子を人工的につなぎ合わせ、最終的にDNAは53万1490文字、遺伝子の数は473種類あれば細胞は生きることができる、というところまで絞り込みました。不思議なことは、473種類の遺伝子のうち149種類は何のためにあるのか、いまだにわかっていないことです。これらを知ることによって、ようやく「生命とは何か?」という問いに答えられるかもしれません。

人工DNAで細胞が増える

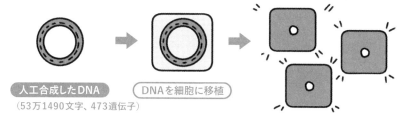

細胞が増えた!

人工合成したDNA
（53万1490文字、473遺伝子）

DNAを細胞に移植

さまざまな遺伝子をつなぎ合わせてみた結果、
53万1940文字、473種類の遺伝子があれば、
細胞は生きられることがわかった。

\ お役立ちMEMO /

遺伝子を人工的に作る学問のことを「合成生物学」と言います。遺伝子の研究のためだけではなく、遺伝子を新しく作ることで、この世に存在しないタンパク質を作ることも不可能ではありません。

遺伝子組換えで生まれたすごい生き物たち

遺伝子組換え生物というと
自分たちには関係ないと思われるかもしれませんが、
すでに多くの命を救っています。

インスリン注射のインスリンも遺伝子組換え技術

　遺伝子組換え生物を扱うときには、生態系に影響を与えないように法律で厳しい規制を受けます。その規制下で、遺伝子の研究が行われていたり、新しい遺伝子組換え作物の栽培実験が行われていたりします。このように聞くと、遺伝子組換え生物は自分たちとは無縁の存在と思われるかもしれません。しかし実際には、すでに私たちの生活に溶け込んでいるものもあります。

　糖尿病治療では、インスリン注射を行います。インスリンは、血糖値を下げる作用をもつ唯一のホルモンです。糖尿病の患者はインスリンが不足しているので、注射で補う必要があります。

　では、注射するインスリンはどこから調達してきたのでしょうか。輸血のように、他の人からもらうのではありません。昔は、ブタとウシの膵臓から抽出されていましたが、1人の糖尿病患者が1年間に使用する量のインスリンを用意するには、約70頭のブタが必要でした。そんな中、1973年に、大腸菌に別の生物の遺伝子を人工的に組み込み、タンパク質を作らせる技術が誕生しました。これが遺伝子組換え技術です。つまり、インスリンを作る遺伝

第2部　気になるあの謎を遺伝子で解く

遺伝子でわかる
ココロの不思議

遺伝子でわかる
カラダの不思議

遺伝子と
人生のこと

遺伝子と
病気のこと

遺伝子でわかる
食の不思議

遺伝子でわかる
生命の不思議

子を大腸菌に入れれば、大腸菌をインスリン生産工場として使えるというわけです。大腸菌は大量に育てられるので、大量にインスリンを製造できます。こうして1979年、世界で初めて、大腸菌が作ったインスリンが医薬品として登場しました。

　現在では、酵母に作らせる方法もあります。もし、インスリンの説明書や添付文書（医薬品の製品情報が書かれている文書）を見る機会があったら、商品名を確認してください。「遺伝子組換え」と書いてあるはずです。

インスリンの作り方

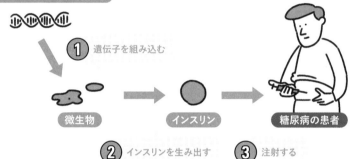

インスリンを作るヒトの遺伝子

① 遺伝子を組み込む

微生物　　　　インスリン　　　糖尿病の患者

② インスリンを生み出す　③ 注射する

大腸菌や酵母のDNAに、
ヒトインスリンの遺伝子を組み込んでインスリンを作らせる。

＼ お役立ちMEMO ／

デニムのダメージ加工にも遺伝子組換えが関わっているものがあります。ダメージ加工のうち、バイオウォッシュ加工という方法では、セルラーゼというタンパク質を使って繊維を壊しています。このときに使うセルラーゼも、遺伝子組換え技術を使って微生物が作ったものです。

遺伝子で
ネッシーの正体を
突き止めた？

誰もが知っている未確認生物といえば、ネッシー。
目撃証言があったりなかったりして話題に尽きないのですが、
最近DNAに注目した新展開がありました。

遺伝子研究の進化がもたらしたものとは

　恐竜は6600万年前に絶滅しましたが、もしも世界のどこかで生き延びていたら……と想像するのはロマンがあります。実際にはロマンに過ぎず、恐竜のような大型生物が6600万年前から現在までずっと生き続けていたら、とっくに発見されているはずです。それでもロマンが廃れることはなく、大型生物が今でも生きていると信じる人たちは世界中に多くいます。

　ロマンの代表例が、ネッシーでしょう。イギリス・スコットランドのネス湖でたびたび目撃される未確認生物で、目撃者による大きさや形から、恐竜時代に生きていた首長竜の生き残りではないかと噂されています。特に、1934年に新聞に掲載された写真は世界的に有名になり、ネッシーを象徴するシルエットとなりました。この写真は、後に、おもちゃの潜水艦にネッシーの首の模型をつけたものを撮影したジョークであることが明らかになりましたが、それでもネッシー熱が冷めることはありません。

　そんな中、2018年にニュージーランド・オタゴ大学などの研究チームは、ネス湖の水を採取し、そこに含まれるDNAから生物を推定することを試みま

した。湖水には、生物のカラダから剥がれ落ちた細胞や、排泄物や粘液などがあり、そこにはそれぞれの生物のDNAがあります。つまり、「どの生物がいるか」ではなく、「どの生物のDNAがあるか」という観点から調べるということです。その分析結果が2019年に報告されました。約3000種類の生物のDNAが検出され、淡水魚やカエルはもちろんのこと、人間やブタ、シカなどのDNAが含まれていました。しかし、首長竜のような巨大生物を思わせるDNAは発見されず、見間違いそうな巨大ワニやチョウザメ、カワウソ、アザラシのDNAも検出されませんでした。一方で、ウナギのDNAが多く見つかりました。ウナギの中には、2メートル近い体長になるものもあります。水面に現れた巨大ウナギの影や、水面からジャンプしたときの姿がネッシーの正体である可能性は否定できない、と研究チームは結論づけました。

ネッシー捜索

水の中にあるDNAをまとめて解析すると、どの生物がいるかがわかる。
ネス湖では、巨大生物のDNAは見つからなかった。

＼ お役立ちMEMO ／

水中だけでなく、土壌に含まれるDNAをまとめて解析して、そこに生息している生物を推定することができます。このときに解析されるDNAは「環境DNA」と呼ばれています。2008年に環境DNAの分析方法が報告されて以来、生態学や微生物学などで利用されています。

遺伝子でわかる　ココロの不思議

遺伝子でわかる　カラダの不思議

遺伝子と　人生のこと

遺伝子と　病気のこと

遺伝子でわかる　食の不思議

遺伝子でわかる　生命の不思議

いつか人類が
滅びる日が来る？

人類はこれまでうまくやってきましたが、
地球の環境は常に変わっています。
人類は生き延びることができるのでしょうか。

ヒトも生命進化の道筋からは外れられない

　今の私たちは、正式な学名ではホモ・サピエンス（Homo sapiens）という名前で分類されています。ホモ・サピエンスは約20万年前にアフリカで誕生し、その後世界中に散らばっていき、今に至っています。地球上で最初に生命が誕生したのは38億年以上前なので、ホモ・サピエンスの歴史は地球上の生命全体の歴史のたった1万分の1に過ぎません。

　しかし、そのわずかな期間で、地球環境は大きく変化してきました。特に、地球全体の気温の上昇は、産業革命後のここ100年間に起きています。地球温暖化という言葉がありますが、単に暑くなるだけではなく、大雨や台風が起きやすくなったり、強風と乾燥による山火事が増えたりしています。そのため、最近では「気候変動」という言葉で表現することが増えてきました。2021年に公表された『気候変動に関する政府間パネル（IPCC）第6次評価報告書』では、人間が地球温暖化を引き起こしてきたことは「疑う余地がない」と断定するほど、私たちの活動が地球環境を変えています。そして、気候変動による自然災害は増加傾向にあります。

では、人類は気候変動に適応できず絶滅する可能性はあるのでしょうか。

結論から書くと、いつか人類は絶滅します。しかし、それは、気候変動など に関係なく、必ず訪れる宿命です。なぜなら、地球生命は常に進化している からです。

歴史を振り返ると、常に新しい生物が誕生しています。そのとき、わずか ですがDNAに変化が起き、新しい機能の遺伝子が生じる余地があります。 新しい遺伝子が世代を経て広まれば、新しい生物種が誕生することになり ます。人類といえども、この原理から逃げることはできません。仮に、私たち の子孫が数十万年生き延びたとしたら、その姿は今の人類とは違うものに なっているでしょう。

ヒトの進化

子孫ができるときに常にゲノムは変化し、進化の原動力となっている。
今までの人類（旧人）が生き残っていないように、
今の人類がいつまでも続くことは決してない。

\ お役立ちMEMO /

もし、コールドスリープのような技術であなたが眠りにつき、100万 年後にうまく目覚めたとします。周りには、人間によく似た生物がいま すが、言語が通じないどころか、あなたと未来人との間では子どもを 作れないほど遺伝子が変わっている可能性があります。その時代で は現在の人類は絶滅しており、ホモ・サピエンスとは違うホモ・〇〇 という生物種が地球にあふれているかもしれません。

遺伝子でわかる
ココロの不思議

遺伝子でわかる
カラダの不思議

遺伝子と
人生のこと

遺伝子と
病気のこと

遺伝子でわかる
食の不思議

遺伝子でわかる
生命の不思議

女王バチを失うと
ハチの巣は消滅する！

ミツバチの巣は、女王バチが死んだだけで全滅します。
なぜなら、巣に1匹しかいない女王バチだけが子どもを産むことができるからです。
巣には女王バチの他に多くの働きバチ（メス）と、
交尾のためだけに存在するオスバチがいます。

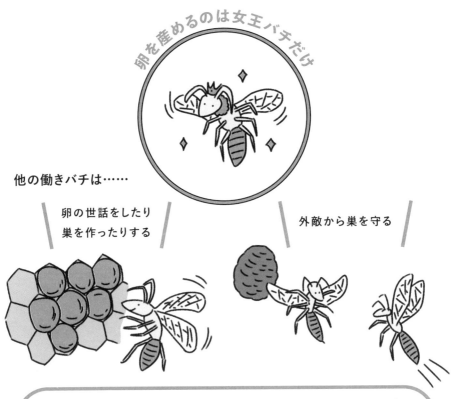

卵を産めるのは女王バチだけ

他の働きバチは……

卵の世話をしたり
巣を作ったりする

外敵から巣を守る

女王バチと役割分担することで巣全体の生存率を上げ、
自分の仲間（遺伝子）を多く残すことに貢献している

人間も、子育てに限らず自らのエネルギーをさまざまな分野に注ぐことで社会が豊かになり、結果として人類全体、つまり「ヒトの遺伝子」の生存率を上げることに貢献していると考えることができます。

女王バチが死ぬと……

交尾できるハチがいなくなる

子孫を増やせないのでハチの巣は消滅する

参 考 文 献

● 『「心は遺伝する」とどうして言えるのか? ふたご研究のロジックとその先へ』安藤寿康・著 創元社
● 『ゾウの時間 ネズミの時間―サイズの生物学』本川達雄・著 中央公論新社
● 『DNA鑑定 犯罪捜査から新種発見、日本人の起源まで』梅津和夫・著 講談社
● 『遺伝子がわかれば人生が変わる。』四元淳子・著 ポプラ社
● 『生物進化を考える』木村資生・著 岩波書店
● 『クマムシ博士の クマムシへんてこ最強伝説』堀川大樹・著 日経ナショナルジオグラフィック社
● 『新インスリン物語』丸山工作・著 東京化学同人
● 『利己的な遺伝子』リチャード・ドーキンス・著 紀伊國屋書店

参 考 ホ ー ム ペ ー ジ

● 産業技術総合研究所
　2007年1月9日プレスリリース／イネの遺伝子数は約32,000と推定
　そのうち、29,550の遺伝子の位置を決定し、情報を公開
● 理化学研究所
　2020年7月28日プレスリリース／
　長鎖ノンコーディングRNAのさまざまな機能 -理研を中心とする国際研究コンソーシアム「FANTOM6」-
● JPHC omics
　よくあるご質問集Q&A
● Harvard Molecular Technologies
　Multigenic traits can have single gene variants (often rare in populations) with large impacts.
● 厚生労働省
　知ることからはじめよう みんなのメンタルヘルス／こころの病気を知る
　令和 (元年2019) 人口動態統計 (確定数) の状況
　令和2年簡易生命表の概況
　新型コロナワクチンQ&A
● e-ヘルスネット
　活性酸素と酸化ストレス
　生活習慣病
● World Health Organization
　THE GLOBAL HEALTH OBSERVATORY/Global Health Estimates:
　Life expectancy and leading causes of death and disability
　20 years of global progress & challenges
● 難病情報センター
　ハンチントン病
　クラインフェルター症候群 (KS) (平成21年度)
● がん情報サービス
　がんの発生要因と予防
　遺伝性腫瘍・家族性腫瘍
● The New York Times
　My Medical Choice
● 日本赤十字社
　兵庫県赤十字血液センター／血液型について
● 公益社団法人日本産科婦人科学会
　「母体血を用いた出生前遺伝学的検査 (NIPT)」指針改訂についての経緯・現状について
● 京都大学iPS細胞研究所
　iPS細胞とは
● 農林水産省
　ジャガイモは何種類あるかおしえてください。
　遺伝子組換え農作物をめぐる国内外の状況
● 公益社団法人日本獣医学会
　三毛猫の雄について
● The Guardian
　Loch Ness monster could be a giant eel, say scientists
● 国土交通省気象庁
　IPCC第6次評価報告書 (AR6)

論 文、研 究、報 告

● PNAS August 23, 2011 108 (34) 13995-13998;
● bioRxiv https://doi.org/10.1101/2021.05.26.445798 (2021).
● Nature. 1997 Feb 27;385(6619):810-3.
● Ann Hum Biol. 2013 Nov-Dec;40(6):471
● PLoS One. 2014 Apr 1;9(4):e93771.

● J Affect Disord. 2006 Nov;96(1-2):75-81.
● Proc Biol Sci. 1995 Jun 22;260(1359):245-9.
● Nat Genet. 2002 Feb;30(2):175-9.
● Nat Genet. 2002 Feb;30(2):175-9.
● Nat Genet. 2017 Jan;49(1):152-156.
● Sci Rep. 2021 Feb 3;11(1):2965.
● J Epidemiol Community Health. 2017 Nov;71(11):1094-1100.
● Science. 2019 Aug 30;365(6456):eaat7693.
● Curr Psychiatry Rep. 2017; 19(8): 43.
● Science. 1996 Nov 29;274(5292):1527-31.
● Proc. R. Soc. B (2010) 277, 529–537
● Nature. 1991 May 9;351(6322):117-21.
● PLoS Genet. 2014 Mar 20;10(3):e1004224.
● Am J Hum Genet. 2012 Mar 9;90(3):478-85.
● Nature. 2003 Jul 24;424(6947):443-7.
● Nature. 2016 Jun 23;534(7608):566-9.
● IUBMB Life. 2015 Aug;67(8):589-600.
● Cell. 1991 Apr 5;65(1):175-87.
● Genome Res. 2014 Sep;24(9):1485-96.
● Br J Anaesth. 2019 Aug;123(2):e249-e253.
● Int J Sports Med. 2014 Feb;35(2):172-7.
● Med Sci Sports Exerc. 2013 May;45(5):892-900.
● Proc Natl Acad Sci USA. 1971 Sep;68(9):2112-6.
● Science. 2005 Apr 15;308(5720):414-5.
● Cell. 1999 Aug 20;98(4):437-51.
● Nat Commun. 2021 Feb 10;12(1):900.
● Nature. 2012 Sep 13;489(7415):220-30.
● Science. 2013 Sep 6;341(6150):1241214.
● Shinrigaku Kenkyu. 2014 Jun;85(2):148-56.
● J Cutan Med Surg. 1998 Jul;3(1):9-15.
● Clin Exp Dermatol. 2012 Mar;37(2):104-11.
● Nature. 2012 Aug 23;488(7412):471-5.
● Genes Brain Behav. 2010 Mar 1;9(2):234-47.
● Proc Natl Acad Sci USA. 2020 Apr 14;117(15):8546-8553.
● PLoS One. 2009;4(4):e5174.
● J Vet Med Sci. 2013;75(6):795-8.
● Science. 1996 Sep 27;273(5283):1856-62.
● J Gen Virol. 2015 Aug;96(8):2074-2078.
● Cell. 2020 Dec 10;183(6):1650-1664.e15.
● J Stud Alcohol. 1989 Jan;50(1):38-48.
● Transl Psychiatry. 2018 May 23;8(1):101. doi: 10.1038/s41398-018-0146-2.
● Expert Opin Drug Metab Toxicol. 2018 Apr;14(4):447-460.
● N Engl J Med. 2009 Feb 19;360(8):753-64.
● Nat Genet. 2008 Sep;40(9):1092-7.
● Diabetologia. 1999 Feb;42(2):139-45.
● Nat Rev Neurol. 2014 Apr;10(4):204-16.
● Nature. 2012 Aug 23;488(7412):471-5.
● N Engl J Med. 2021 Jan 21;384(3):252-260.
● Science. 2015 Jan 2;347(6217):78-81.
● N Engl J Med 2017; 376:1038-1046
● Cell. 2010 Sep 3;142(5):787-99.
● Annu Rev Genomics Hum Genet. 2005;6:217-35.
● Lancet Public Health. 2018 Sep;3(9):e419-e428.
● Nat Genet. 2002 Feb;30(2):233-7.
● Sci Adv. 2019 Jul 10;5(7):eaaw7006.
● Breed Sci. 2014 May;64(1):23-37.
● Nat Commun. 2016 Sep 20;7:12808.
● Nature. 2021 Aug;596(7873):583-589.
● Science. 2010 Jul 2;329(5987):52-6.
● Science. 2016 Mar 25;351(6280):aad6253.
● 杏林医学会雑誌／市民公開講演会「女性の医学」／高齢妊娠に伴う諸問題 古川誠志・著
● 国立成育医療研究センター2020年5月18日プレスリリース／先天性尿素サイクル異常症で
　ヒトES細胞を用いた治験を実施〜ヒトES細胞由来の肝細胞のヒトへの移植は、世界初！〜
● 日本食品保蔵科学会誌 Vol.31 No.4 2005「バレイショの加工特性と品種および比重との関係」
● 植物の生長調節 Vol. 54, No. 1, 2019「スギ花粉米の最近の研究開発状況」

島田祥輔（しまだ しょうすけ）

サイエンスライター。1982年生まれ。名古屋大学大学院理学研究科生命理学専攻修了。特に遺伝子に興味があり、遺伝子の研究によって医療や生活がどう変わっていくのかに注目している。
著書に『おもしろ遺伝子の氏名と使命』(オーム社)、『遺伝子「超」入門』(パンダ・パブリッシング)、編集協力に『池上彰が聞いてわかった生命のしくみ 東工大で生命科学を学ぶ』(朝日新聞出版)、『ビジネスと人生の「見え方」が一変する 生命科学的思考法』(高橋祥子著、NewsPicksパブリッシング)がある。
website: https://www.shimasho.work
Twitter: @shimasho

Staff

装丁・本文デザイン／木村由香利（986DESIGN）
イラスト／フジノマ（asterisk-agency）
編集／有限会社ヴュー企画（野秋真紀子・岡田直子）
校正／関根志野
企画・編集／端 香里（朝日新聞出版 生活・文化編集部）

イラスト図解 遺伝子の不思議としくみ入門

著　者	島田祥輔
発行者	橋田真琴
発行所	朝日新聞出版
	〒104-8011 東京都中央区築地5-3-2
	電話 (03) 5541-8996（編集）
	(03) 5540-7793（販売）
印刷所	中央精版印刷株式会社